化学工业出版社"十四五"普通高等教育规划教材

普通高等教育一流本科专业建设成果教材

有限元分析与应用简明教程

YOUXIANYUAN FENXI YU YINGYONG
JIANMING JIAOCHENG

陈程 李慧 胡文兴 主编

U0367956

化学工业出版社

·北京·

内容简介

《有限元分析与应用简明教程》全面、系统地介绍了有限元法的基本概念、基础理论、建模方法，ANSYS 17.0 软件操作、结果分析及工程实际应用，在兼顾基础知识的同时，强调实用性和可操作性，让读者不仅对有限元理论方法有较全面的了解，而且能够学会如何使用有限元法解决实际问题。

本书可作为机械工程、航空航天、船舶工程、工程力学、土木工程、水利工程等工科专业本科生和硕士研究生的教学用书，也适于相关专业工程技术人员学习使用。

图书在版编目（CIP）数据

有限元分析与应用简明教程 / 陈程，李慧，胡文兴主编. -- 北京：化学工业出版社，2024. 9. --（普通高等教育一流本科专业建设成果教材）. -- ISBN 978-7-122-46621-1

Ⅰ. O241.82

中国国家版本馆 CIP 数据核字第 20246MZ552 号

责任编辑：刘丽菲　　　　　　　　文字编辑：罗　锦
责任校对：张茜越　　　　　　　　装帧设计：刘丽华

出版发行：化学工业出版社
　　　　　（北京市东城区青年湖南街 13 号　邮政编码 100011）
印　　装：大厂回族自治县聚鑫印刷有限责任公司
787mm×1092mm　1/16　印张 11　字数 235 千字
2025 年 2 月北京第 1 版第 1 次印刷

购书咨询：010-64518888　　　　　售后服务：010-64518899
网　　址：http://www.cip.com.cn
凡购买本书，如有缺损质量问题，本社销售中心负责调换。

定　　价：49.80 元　　　　　　　　版权所有　违者必究

前言

有限元法是当前工程技术领域中最常用、最有效的数值计算方法，首先在结构分析领域，而后又在其他领域中得到广泛应用，已成为现代工程设计技术不可或缺的重要组成部分。有限元法可以解决流体、电磁场、弹性、弹塑性等各种工程中的问题。

为了使读者在有限时间内掌握有限元法的实质、使用通用有限元软件所应具有的基础知识和基本技能，本书全面、系统地介绍了有限元法的基本概念、基础理论、建模方法，ANSYS 17.0 软件操作、结果分析及工程实际应用，在兼顾基础知识的同时，强调实用性和可操作性，让读者不仅对有限元理论方法有较全面的了解，而且能够学会如何使用有限元法解决实际问题。

读者可以跟随本书所介绍的分析步骤和过程快速入门，在比较短的时间内，既能知其然，又能知其所以然，真正掌握 ANSYS 有限元分析方法，并能灵活应用于实际问题中。本书坚持理论与实践紧密结合的原则，将有限元理论与 ANSYS 操作糅合在一起，以期有助于有限元理论与 ANSYS 软件的学习、应用、推广与普及。

本书共分为 8 个章节，各章节的内容简单介绍如下。第 1 章：绪论。第 2 章：有限元法理论基础。第 3 章：杆系结构有限元分析。第 4 章：平面问题及三角形单元。第 5 章：空间问题与体单元。第 6 章：线性方程组解法。第 7 章：ANSYS 基本操作与应用。第 8 章：单元网格划分注意事项。

本书适合于机械工程、航空航天、船舶工程、工程力学、土木工程、水利工程等工科专业本科生和硕士研究生学习使用，也适于相关专业工程技术人员学习参考。

本书由无锡太湖学院的陈程、沈阳工业大学的李慧和江苏振江新能源装备股份有限公司的工装总监胡文兴任主编。李慧负责本书的审阅校订工作，陈程负责本书的统稿和定稿工作，胡文兴为本书提供了许多工程案例并提出了很多宝贵意见，包洪兵、冯鲜、宁文博为本书资料的收集、文档的排版等做了很多工作。由于编者水平有限，书中难免存在不足与欠妥之处，敬请读者批评指正。

编者

目录

1 绪 论

教学目标

本章应掌握有限元法的特点、应用及基本步骤，熟悉有限元法在工程设计和科学研究中所处的地位。

重点和难点

有限元法的基本思想
有限元分析的基本步骤

1.1 概述

现代工业、生产技术的发展，不断要求设计高质量、高水平的大型、复杂和精密的机械和结构。为此，人们必须预先通过有效的计算手段，确切地预测即将诞生的机械和工程结构在未来工作时会发生的应力、应变和位移状况。但是传统的一些方法往往难以完成对实际工程问题的有效分析。弹性力学的经典理论，由于求解偏微分方程边值问题的困难，只能解决结构形状和承受载荷较简单的问题。对于几何形状复杂、不规则边界、有裂缝或厚度突变，以及几何非线性、材料非线性等问题，按经典的弹性力学方法获得解析解是十分困难的，甚至是不可能的。因此，需要寻求一种简单而又精确的数值分析方法，有限元法正是适应这种要求而产生和发展起来的一种十分有效的数值计算方法。

有限元法自问世以来，在其理论和应用研究方面都得到了快速、持续不断的发展。目前，有限元法已经成为工程设计和科研领域的一项重要分析技术。

近几十年来，有限元法得到迅速发展，已出现多种新型单元和求解方法。自动网格划分和自适应分析技术的应用，也大大提高了有限元法的求解能力。由于有限元法的通用性及其在科学研究和工程分析中的作用和重要地位，众多著名公司更是投入巨资来研发有限元分析软件，极大地推动了有限元分析软件的发展，使有限元法的工程应用得到迅速普及。目前在市场上得到认可的国际知名有限元分析通用软件有 ANSYS、NASTRAN、MARC、ADINA、ABAQUS、ALGOR、COSMOS 等，还有一些适用于特殊行业的专用软件，如 DEFORM、AUTOFORM、LS-DYNA 等。

我国的力学工作者为有限元方法的初期发展也作出了许多贡献。近几十年来，我国在有限元应用及软件开发方面也做了大量的工作，取得了一定的成绩，只是和国外的成熟产品相比还存在较大的差距。

经过半个世纪的发展，有限元法已经相当成熟，作为一种通用的数值计算方法，已经渗透到许多科研和工程应用领域。基于其良好的理论基础、通用性和实用性，可以预计，随着现代力学、计算数学、计算机技术、CAD技术等的发展，有限元法必将得到进一步的发展和完善，并在国民经济建设和科学技术领域发挥更大的作用。

1.2 有限元法的特点

有限元法具有鲜明的特点，具体表现在以下方面。

① 理论基础简明，物理概念清晰。有限元法的基本思想就是几何离散和分片插值，概念清晰，容易理解。用离散单元的组合体来逼近原始结构，体现了几何上的近似；用近似函数逼近未知变量在单元内的真实解，体现了数学上的近似；利用与原问题等效的变分原理（如最小势能原理）建立有限元基本方程（刚度方程），又体现了其明确的物理背景。

② 计算方法通用，应用范围广。它不仅能成功地处理如应力分析中的非均匀材料、各向异性材料、非线性应力应变关系及复杂边界条件等难题，而且随着其理论基础和方法的逐步完善，还能成功地用来求解如热传导、流体力学及电磁场等领域的许多问题。理论上讲，只要是用微分方程表示的物理问题，都可以用有限元法进行求解。

③ 可以处理任意复杂边界的结构。由于有限元法的单元不限于均匀规则单元，单元形状有一定的任意性，单元大小可以不同，且单元边界可以是曲线或曲面，不同形状单元可进行组合，所以，有限元法可以处理任意复杂边界的结构。同时，有限元法的单元可以通过增加插值函数的阶次来提高有限元解的精度。因此，理论上讲，有限元法可通过选择单元插值函数的阶次和单元数目来控制计算精度。

④ 计算格式规范，易于程序化。该方法在具体推导运算中，广泛采用了矩阵方法。矩阵代数能把繁冗的分析和运算用矩阵符号表示成非常紧凑简明的数学形式，因而最适合于电子计算机存储，便于实现程序设计的自动化。

总之，有限元法已被公认为应力分析的有效工具，得到了普遍的重视和广泛的应用。

有限元法从选择基本未知量的角度来看，可分为3类：位移法、力法和混合法。以节点位移为基本未知量的求解方法称为位移法；以节点力为基本未知量的求解方法称为力法；一部分以节点位移，另一部分以节点力作为基本未知量的求解方法称为混合法。由于位移法通用性较强，计算机程序处理简单、方便，因此得到了广泛的应用。**本书只讨论最为普遍的位移法。**

1.3　有限元法的基本思想

　　有限元法是一种基于变分法而发展起来的求解微分方程的数值计算方法，该方法以计算机为手段，采用分片近似，进而逼近整体的研究思想求解物理问题。首先，将物体或求解域离散为有限个互不重叠仅通过节点相互连接的子域（单元），原始边界条件也被转化为节点上的边界条件，此过程常称为离散化。其次，在每个单元内，选择一种简单近似函数来分片逼近未知的单元内位移分布规律，即分片近似，并按弹性理论中的能量原理（或用变分原理）建立单元节点力和节点位移之间的关系。最后，把所有单元的这种关系式集合起来，就得到一组以节点位移为未知量的代数方程组，解这些方程组就可以求出物体上有限个节点的位移。这是有限元法的创意和精华所在。

　　图 1-1 所示是用有限元法将不规则形状划为网格，这些网格称为**单元（element）**。网格间相互连接的点称为**节点（node）**。网格与网格的交界线称为边界。显然，图中的节点数是有限的，单元数目也是有限的，这就是"有限元"（finite element）一词的由来。

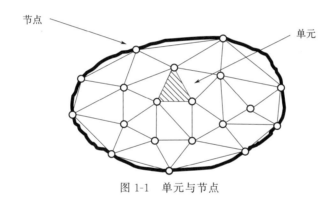

图 1-1　单元与节点

　　在整个有限元分析过程中，离散化是分析的基础。有限元法的离散对单元的形状和大小没有规则划分的限制，单元可以为不同形状，且不同单元可以相互连接组合。所以，有限元法可以模型化任何复杂几何形状的物体或求解区域，离散精度高。

　　分片近似是有限元法的核心，有限元法是应用局部的近似解来建立整个求解域解的一种方法，针对一个单元来选择近似函数，积分计算也是在单元内完成的，由于单元形状简单，一般采用低阶多项式函数就能较好地逼近真实函数在该单元上的解，此过程可认为是里茨法的一种局部化应用，而整个求解域内的解可以看成所有单元近似解的组合。对于整个求解域，只要单元上的近似函数满足收敛性要求，随着单元尺寸的不断缩小，有限元法提供的近似解将收敛于问题的精确解。

　　矩阵表示和计算机求解是有限元法的关键。因为有限元方程是以节点值和其导数值为未知变量的，节点数目多，形成的线性方程组维数很高，一般工程问题都有成千上万，复杂问题可达百万或更多。所以，有限元方程必须借助矩阵进行表示。

1.4 有限元分析的基本步骤

　　有限元法的基本思想是将连续的求解区域离散为一组有限个且按一定方式相互联结在一起的单元组合体。由于单元能按不同的联结方式进行组合，且单元本身又可以有不同形状，因此可以模型化几何形状复杂的求解域。有限元法作为数值分析方法还有一个重要特点是利用在每一个单元内假设的近似函数来分片地表示全求解域上待求的未知场函数。单元内的近似函数通常由未知场函数及其导数在单元的各个节点的数值和其插值函数来表达。这样一来，一个问题的有限元分析中，未知场函数及其导数在各个节点上的数值就成为新的未知量（也即自由度），从而使一个连续的无限自由度问题变成离散的有限自由度问题。一旦求解出这些未知量，就可以通过插值函数计算出各个单元内场函数的近似值，从而得到整个求解域上的近似解。显然随着单元数目的增加，也即单元尺寸的缩小，或者随着单元自由度的增加及插值函数精度的提高，解的近似程度将不断改进。如果单元是满足收敛要求的，近似解最后将收敛于精确解。

　　简言之，有限元法的求解思路是：根据力学的虚功原理，利用变分法将整个结构（求解域）的平衡微分方程、几何方程和物理方程建立在结构离散化的各个单元上，从而得到各个单元的应力、应变及位移，进而求出结构内部应力、应变。理论基础是弹性力学的变分原理。在有限元方法中，势函数的选取不是整体的［整体的就是经典的里茨（Ritz）法、伽辽金（Galerkin）法（加权残值法）］，而是在弹性体内分区（单元）完成的，因此势函数形式简单统一。

　　以结构分析为例，有限元分析的过程大致可分为以下 7 个步骤：

　　① 结构的离散化：将结构物分割成有限个单元体，并在单元体的指定点设置节点，使相邻单元的有关参数具有一定的连续性，并构成一个单元的集合体，以它来代替原来的结构。

　　② 选择位移模式：假定位移是坐标的某种简单的函数（位移模式或插值函数），通常采用多项式作为位移模式。在选择位移模式时，应该注意以下事宜：

　　a）多项式项数应该等于单元的自由度数；

　　b）多项式阶次应包含常数项和线性项；

　　c）单元自由度应等于单元节点独立位移的个数。

　　位移矩阵为：

$$u = N\delta^{e} \tag{1-1}$$

式中　u——单元内任一点的位移；

　　δ^{e}——单元节点的位移；

　　N——形函数。

　　③ 分析单元的力学性能：

　　a）由几何方程，从式(1-1)导出用节点位移表示的单元应变 ε 为：

$$\varepsilon = B\delta^{e} \tag{1-2}$$

式中 **B**——单元应变矩阵。

　　b）由本构方程，导出用节点位移表示的单元应力 **σ** 为：

$$\boldsymbol{\sigma} = \boldsymbol{DB\delta}^{e} \tag{1-3}$$

式中 **D**——与材料有关的弹性矩阵。

　　c）由变分原理，建立单元上节点力 $\boldsymbol{F}^{e}$ 与节点位移间的关系，即平衡方程：

$$\boldsymbol{F}^{e} = \boldsymbol{k}^{e} \, \boldsymbol{\delta}^{e} \tag{1-4}$$

式中 $\boldsymbol{k}^{e}$——单元刚度矩阵，其形式为：

$$\boldsymbol{k}^{e} = \iiint \boldsymbol{B}^{\mathrm{T}} \boldsymbol{DB} \, \mathrm{d}x \, \mathrm{d}y \, \mathrm{d}z \tag{1-5}$$

　　④ 集合所有单元的平衡方程，建立整个结构的平衡方程组集总刚，总体刚度矩阵为 **K**。由总刚形成的整个结构的平衡方程为：

$$\boldsymbol{K\delta} = \boldsymbol{F} \tag{1-6}$$

式中 **δ**——整个结构所有节点的位移列阵；

　　　 F——整个结构所有节点的力分量列阵。

　　上述方程值引入几何边界条件时，将进行适当修改。

　　⑤ 求解未知节点位移和计算单元应力：对平衡方程进行求解，解出未知的节点位移，然后根据前面给出的关系计算节点的应变和应力以及单元的应力和应变。

　　⑥ 整理并输出结果：通过该步骤可以输出应力、应变以及位移等值。

　　⑦ 结合计算结果进行一系列后续分析，得到问题的最终分析结果，分析结束。

 习题

1-1　有限元方法主要有哪些优点？

1-2　试说明有限元法解题的基本思路。

1-3　试说明有限元法解题的基本步骤。

2 有限元法理论基础

教学目标

本章通过弹性力学问题来介绍有限元法的基本理论。应掌握有限元法的基本原理和基本步骤，熟悉有限元法在工程设计和科学研究中所处的地位。

重点和难点

弹性力学基本理论

2.1 有限元法与变分原理的关系

弹性力学问题的本质是求解偏微分方程的边值问题。由于偏微分方程边值问题的复杂性，只能采取各种近似方法或者渐近方法求解。变分原理就是将弹性力学的基本方程——偏微分方程的边值问题转换为代数方程求解的一种方法。

有限元原理是目前工程上应用最为广泛的结构数值分析方法，它的理论基础仍然是弹性力学的变分原理。那么，为什么变分原理在工程上的应用有限，而有限元原理却应用广泛？有限元原理与一般的变分原理求解方法有什么不同呢？问题在于变分原理用于弹性体分析时，不论是里茨法还是伽辽金法，都采用整体建立位移势函数或者应力势函数的方法。由于势函数要满足一定的条件，实际工程问题的求解仍然困难重重。

有限元方法选取的势函数不是整体的，而是在弹性体内分区（单元）完成的，因此势函数形式简单统一。当然，这使得转换的代数方程阶数比较高。但是，面对强大的计算机处理能力，线性方程组的求解不再有任何困难。因此，有限元原理成为目前工程结构分析的重要工具。

2.2 弹性力学基本假设

为了建立相应的数学模型，如果精确考虑所有方面的因素，则导出的方程非常复杂，实际上不可能求解。因此，通常必须按照研究对象的性质和求解问题的范围，作出若干基本假设，从而略去一些暂不考虑的因素，使得方程的求解成为可能。

（1）假定物体是连续的

也就是假定整个物体的体积都被组成这个物体的介质所填满，不留下任何空隙。这样，物体内的一些物理量，例如应力、形变、位移等，才可能是连续的，因而才可能用坐标的连续函数来表示它们的变化规律。实际上，一切物体都是由微粒组成的，都不能符合上述假定。但是，可以想见，只要微粒的尺寸，以及相邻微粒之间的距离，都比物体的尺寸小得多，那么，关于物体连续性的假定，就不会引起显著的误差。

（2）假定物体是完全弹性的

也就是假定物体完全服从胡克定律——应变与引起该应变的那个应力分量成比例。反映这种比例关系的常数，即所谓弹性常数，并不随应力分量或应变的大小和符号而变。具体地说，当应力分量增大到若干倍时，应变也增大到同一倍数；当应力分量减小到若干分之一时，应变也减小到同一分数，当应力分量减小为零时，应变也减小为零（没有任何剩余形变）；当应力分量反其符号时，应变也反其符号，而且两者仍然保持同样的比例关系。由材料力学可知，脆性材料的物体，在应力未超过比例极限以前，可以作为近似的完全弹性体；塑性材料的物体，在应力未达到屈服极限以前，也可以作为近似的完全弹性体。

（3）假定物体是均匀的

也就是假定整个物体是由同一材料组成的。这样，整个物体的各部分才具有相同的弹性，因而物体的弹性常数才不随位置坐标而变，可以取出该物体的任意一小部分来加以分析，然后把分析的结果应用于整个物体。如果物体是由两种或两种以上的材料组成的，那么，只要每一种材料的颗粒远远小于物体，而且在物体内均匀分布，这个物体也可以当作是均匀的。

（4）假定物体是各向同性的

也就是物体内一点的弹性在所有各个方向都相同。这样，物体的弹性常数才不随方向而变。显然，木材和竹材的构件都不能当作各向同性体。至于钢材的构件，虽然它含有各向异性的晶体，但由于晶体很微小，而且是随机排列的，所以钢材构件的弹性（包含无数多微小晶体随机排列时的统观弹性）大致是各向相同的。

凡是符合以上四个假定的物体，就称为**理想弹性体**。

（5）假定位移和变形是微小的

这就是说，假定物体受力以后，整个物体所有各点的位移都远远小于物体原来的尺寸，因而应变和转角都远小于 1。这样，在建立物体变形以后的平衡方程时，就可以用变形以前的尺寸来代替变形以后的尺寸，而不致引起显著的误差，并且，在考察物体的形变及位移时，转角和应变的二次幂或乘积都可以略去不计。这才可能使得弹性力学中的代数方程和微分方程简化为线性方程。

2.3　弹性力学基本方程

在有限元法中经常要用到弹性力学的基本方程和与之等效的变分原理，现将它们连同相应的矩阵表达形式和张量表达形式综合引述于后。关于它们的详细推导可从弹性力学的有关教材中查到。

弹性体在载荷作用下，体内任意一点的应力状态可由 σ_x、σ_y、σ_z、τ_x、τ_y、τ_z 这6个应力分量来表示，其中 σ_x、σ_y、σ_z 为正应力；τ_x、τ_y、τ_z 为剪应力。应力分量的矩阵表示称为应力列阵或应力向量，具体表达为：

$$\boldsymbol{\sigma} = \begin{bmatrix} \sigma_x \\ \sigma_y \\ \sigma_z \\ \tau_x \\ \tau_y \\ \tau_z \end{bmatrix} = \begin{bmatrix} \sigma_x & \sigma_y & \sigma_z & \tau_x & \tau_y & \tau_z \end{bmatrix}^{\mathrm{T}} \tag{2-1}$$

应力分量的正负号规定如下：如果某一个面的外法线方向与坐标轴的正方向一致，这个面上的应力分量就以沿坐标轴正方向为正，与坐标轴反向为负；相反，如果某一个面的外法线方向与坐标轴的负方向一致，这个面上的应力分量就以沿坐标轴负方向为正，与坐标轴同向为负，应力分量及其正方向如图 2-1 所示。

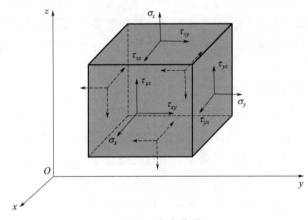

图 2-1　应力分量

弹性体在载荷作用下，还将产生位移和变形，即弹性体位置的移动和形状的改变。弹性体内任一点的位移可由沿直角坐标轴方向的 3 个位移分量 u、v、w 来表示。它的矩阵形式为：

$$\boldsymbol{u} = \begin{bmatrix} u \\ v \\ w \end{bmatrix} = \begin{bmatrix} u & v & w \end{bmatrix}^{\mathrm{T}} \tag{2-2}$$

称作位移列阵或位移向量。

弹性体内任意一点的应变，可以由 6 个应变分量 ε_x、ε_y、ε_z、γ_{xy}、γ_{yz}、γ_{zx} 来表示。其中 ε_x、ε_y、ε_z 为正应变，γ_{xy}、γ_{yz}、γ_{zx} 为剪应变。应变的矩阵形式为：

$$\boldsymbol{\varepsilon} = \begin{bmatrix} \varepsilon_x \\ \varepsilon_y \\ \varepsilon_z \\ \gamma_{xy} \\ \gamma_{yz} \\ \gamma_{zx} \end{bmatrix} = \begin{bmatrix} \varepsilon_x & \varepsilon_y & \varepsilon_z & \gamma_{xy} & \gamma_{yz} & \gamma_{zx} \end{bmatrix}^{\mathrm{T}} \tag{2-3}$$

称作应变列阵或应变向量。

应变的正负号与应力的正负号相对应，即正应变以伸长时为正，缩短时为负；剪应变是以两个沿坐标轴正方向的线段组成的直角变小为正，反之为负。图 2-2(a)、图 2-2(b)分别为 ε_x 和 γ_{xy} 的应变状态。

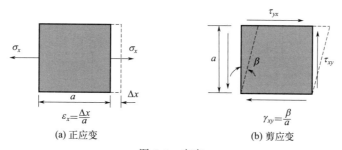

(a) 正应变　　　　　　　　　(b) 剪应变

图 2-2　应变

弹性力学分析问题从静力学条件、几何学条件与物理学条件三方面考虑，分别得到平衡微分方程、几何方程与物理方程，这些方程统称为弹性力学的基本方程。弹性力学基本方程一般由标量符号表示，也可用笛卡尔张量符号来表示，使用爱因斯坦求和约定可以得到十分简练的方程表达形式。在直角坐标系 x、y、z 中，应力张量和应变张量都是对称的二阶张量，分别用 $\boldsymbol{\sigma}_{ij}$ 和 $\boldsymbol{\varepsilon}_{ij}$ 表示，且有 $\boldsymbol{\sigma}_{ij} = \boldsymbol{\sigma}_{ji}$ 和 $\boldsymbol{\varepsilon}_{ij} = \boldsymbol{\varepsilon}_{ji}$。下面将分别给出弹性力学基本方程及边界条件的张量形式和张量形式的展开式。

2.3.1　平衡方程

弹性体 V 域内任一点沿坐标轴 x、y、z 方向的张量形式平衡方程为：

$$\boldsymbol{\sigma}_{ij,i} + \boldsymbol{X}_j = 0 \left(= \rho \frac{\partial^2 \boldsymbol{u}_j}{\partial t^2} \right) \tag{2-4}$$

式(2-4) 给出了应力和体积力的关系，称为平衡微分方程，又称纳维（Navier）方程。式中下标 i 表示对独立坐标 x_i 求偏导数。

若考虑物体运动的情况，则式(2-4) 的右边不为零，按牛顿第二定律，应等于右边括号中的项，其对时间 t 的二阶偏导数表示加速度。

本书中的物体为静止状态，则式(2-4) 的展开形式为：

$$\begin{cases} \dfrac{\partial \sigma_{11}}{\partial x_1} + \dfrac{\partial \sigma_{21}}{\partial x_2} + \dfrac{\partial \sigma_{31}}{\partial x_3} + X_1 = 0 \\[3mm] \dfrac{\partial \sigma_{12}}{\partial x_1} + \dfrac{\partial \sigma_{22}}{\partial x_2} + \dfrac{\partial \sigma_{32}}{\partial x_3} + X_2 = 0 \\[3mm] \dfrac{\partial \sigma_{13}}{\partial x_1} + \dfrac{\partial \sigma_{23}}{\partial x_2} + \dfrac{\partial \sigma_{33}}{\partial x_3} + X_3 = 0 \end{cases}$$

下标的对应关系为 1 对应 x，2 对应 y，3 对应 z，即

$$\begin{cases} \dfrac{\partial \sigma_{xx}}{\partial x} + \dfrac{\partial \sigma_{yx}}{\partial y} + \dfrac{\partial \sigma_{zx}}{\partial z} + X = 0 \\[3mm] \dfrac{\partial \sigma_{xy}}{\partial x} + \dfrac{\partial \sigma_{yy}}{\partial y} + \dfrac{\partial \sigma_{zy}}{\partial z} + Y = 0 \\[3mm] \dfrac{\partial \sigma_{xz}}{\partial x} + \dfrac{\partial \sigma_{yz}}{\partial y} + \dfrac{\partial \sigma_{zz}}{\partial z} + Z = 0 \end{cases} \Rightarrow \begin{cases} \dfrac{\partial \sigma_{x}}{\partial x} + \dfrac{\partial \tau_{yx}}{\partial y} + \dfrac{\partial \tau_{zx}}{\partial z} + X = 0 \\[3mm] \dfrac{\partial \tau_{xy}}{\partial x} + \dfrac{\partial \sigma_{y}}{\partial y} + \dfrac{\partial \tau_{zy}}{\partial z} + Y = 0 \\[3mm] \dfrac{\partial \tau_{xz}}{\partial x} + \dfrac{\partial \tau_{yz}}{\partial y} + \dfrac{\partial \sigma_{z}}{\partial z} + Z = 0 \end{cases}$$

式中，X、Y、Z 分别为微元中 x、y、z 方向的体积力。

2.3.2　几何方程

几何方程表述应变与位移之间的关系，在微小位移和微小变形的情况下，省略去位移导数的高次幂的几何关系，则应变向量和位移向量间的几何关系有：

$$\boldsymbol{\varepsilon}_{ij} = \frac{1}{2}(\boldsymbol{u}_{i,j} + \boldsymbol{u}_{j,i}) \tag{2-5}$$

其中，$\boldsymbol{u} = [u, v, w]^{\mathrm{T}}$，式(2-5) 的展开式为：

$$\begin{cases} \varepsilon_{11} = \dfrac{\partial u_1}{\partial x_1} \\[3mm] \varepsilon_{22} = \dfrac{\partial u_2}{\partial x_2} \\[3mm] \varepsilon_{33} = \dfrac{\partial u_3}{\partial x_3} \\[3mm] \varepsilon_{12} = \dfrac{1}{2}\left(\dfrac{\partial u_1}{\partial x_2} + \dfrac{\partial u_2}{\partial x_1}\right) = \varepsilon_{21} \\[3mm] \varepsilon_{23} = \dfrac{1}{2}\left(\dfrac{\partial u_2}{\partial x_3} + \dfrac{\partial u_3}{\partial x_2}\right) = \varepsilon_{32} \\[3mm] \varepsilon_{13} = \dfrac{1}{2}\left(\dfrac{\partial u_1}{\partial x_3} + \dfrac{\partial u_3}{\partial x_1}\right) = \varepsilon_{31} \end{cases} \Rightarrow \begin{cases} \varepsilon_{x} = \dfrac{\partial u}{\partial x} \\[3mm] \varepsilon_{y} = \dfrac{\partial v}{\partial y} \\[3mm] \varepsilon_{z} = \dfrac{\partial w}{\partial z} \\[3mm] \gamma_{xy} = \dfrac{\partial u}{\partial y} + \dfrac{\partial v}{\partial x} = \gamma_{yx} \\[3mm] \gamma_{yz} = \dfrac{\partial v}{\partial z} + \dfrac{\partial w}{\partial y} = \gamma_{zy} \\[3mm] \gamma_{zx} = \dfrac{\partial w}{\partial x} + \dfrac{\partial u}{\partial z} = \gamma_{zx} \end{cases} \tag{2-6}$$

其中，式(2-6) 左边是由**应变张量**分量表示的几何方程，右边是由**工程应变**表示的几何方程。

2.3.3 物理方程

物理方程表述应力分量与应变分量之间的关系，弹性力学中应力-应变之间的转换关系也称弹性关系。对于各向同性的线弹性材料，应力通过应变的表达式可用张量形式表示：

$$\boldsymbol{\varepsilon}_{ij} = \frac{1}{E}\left[(1+\mu)\boldsymbol{\sigma}_{ij} - \mu\boldsymbol{\sigma}_{kk}\boldsymbol{\delta}_{ij}\right] \tag{2-7}$$

式中，$\boldsymbol{\delta}_{ij}$ 为张量表达中的克罗内克记号，定义为

$$\boldsymbol{\delta}_{ij} = \begin{cases} 1 & i=j \\ 0 & i \neq j \end{cases} \tag{2-8}$$

将张量形式物理方程展开：

$$\begin{cases} \varepsilon_x = \dfrac{1}{E}\left[\sigma_x - \mu(\sigma_y + \sigma_z)\right] & \gamma_{xy} = \dfrac{1}{G}\tau_{xy} \\[2mm] \varepsilon_y = \dfrac{1}{E}\left[\sigma_y - \mu(\sigma_z + \sigma_x)\right] & \gamma_{yz} = \dfrac{1}{G}\tau_{yz} \\[2mm] \varepsilon_z = \dfrac{1}{E}\left[\sigma_z - \mu(\sigma_y + \sigma_x)\right] & \gamma_{zx} = \dfrac{1}{G}\tau_{zx} \end{cases} \tag{2-9}$$

式中，E 为材料的弹性模量，G 为剪切弹性模量，μ 为泊松比。这 3 个弹性常数之间的关系为

$$G = \frac{E}{2(1+\mu)} \tag{2-10}$$

按位移求解时需要的是物理方程的另一种表达形式：

$$\begin{cases} \sigma_x = \dfrac{E}{1+\mu}\left(\dfrac{\mu}{1-2\mu}e + \varepsilon_x\right) & \tau_{xy} = G\gamma_{xy} \\[2mm] \sigma_y = \dfrac{E}{1+\mu}\left(\dfrac{\mu}{1-2\mu}e + \varepsilon_y\right) & \tau_{zx} = G\gamma_{zx} \\[2mm] \sigma_z = \dfrac{E}{1+\mu}\left(\dfrac{\mu}{1-2\mu}e + \varepsilon_z\right) & \tau_{yz} = G\gamma_{yz} \end{cases} \tag{2-11}$$

其中 $e = \varepsilon_x + \varepsilon_y + \varepsilon_z$ 称为体积应变，用矩阵方程表示即：

$$\begin{bmatrix} \sigma_x \\ \sigma_y \\ \sigma_z \\ \tau_{xy} \\ \tau_{yz} \\ \tau_{zx} \end{bmatrix} = \frac{E(1-\mu)}{(1+\mu)(1-2\mu)} \begin{bmatrix} 1 & \dfrac{\mu}{1-\mu} & \dfrac{\mu}{1-\mu} & & & \\ & 1 & \dfrac{\mu}{1-\mu} & & 0 & \\ & & 1 & & & \\ & & & \dfrac{1-2\mu}{2(1-\mu)} & & \\ 对 & & & & \dfrac{1-2\mu}{2(1-\mu)} & \\ & 称 & & & & \dfrac{1-2\mu}{2(1-\mu)} \end{bmatrix} \begin{bmatrix} \varepsilon_x \\ \varepsilon_y \\ \varepsilon_z \\ \gamma_{xy} \\ \gamma_{yz} \\ \gamma_{zx} \end{bmatrix}$$

$$\tag{2-12}$$

简写成：

$$\boldsymbol{\sigma} = \boldsymbol{D}\boldsymbol{\varepsilon} \tag{2-13}$$

式中，$\boldsymbol{D}$ 称为弹性矩阵，它完全决定于弹性常数 E 和 μ。

对于平面应力问题，$\sigma_z = \tau_{zx} = \tau_{yz} = 0$，式（2-12）变为：

$$\begin{bmatrix} \sigma_x \\ \sigma_y \\ \tau_{xy} \end{bmatrix} = \frac{E}{1-\mu^2} \begin{bmatrix} 1 & \mu & 0 \\ \mu & 1 & 0 \\ 0 & 0 & \dfrac{1-\mu}{2} \end{bmatrix} \begin{bmatrix} \varepsilon_x \\ \varepsilon_y \\ \gamma_{xy} \end{bmatrix} \tag{2-14}$$

对于平面应变问题，$\varepsilon_z = \gamma_{zx} = \gamma_{yz} = 0$，式（2-12）变为：

$$\begin{bmatrix} \sigma_x \\ \sigma_y \\ \tau_{xy} \end{bmatrix} = \frac{E(1-\mu)}{(1+\mu)(1-2\mu)} \begin{bmatrix} 1 & \dfrac{\mu}{1-\mu} & 0 \\ \dfrac{\mu}{1-\mu} & 1 & 0 \\ 0 & 0 & \dfrac{1-2\mu}{2(1-\mu)} \end{bmatrix} \begin{bmatrix} \varepsilon_x \\ \varepsilon_y \\ \gamma_{xy} \end{bmatrix} \tag{2-15}$$

由式（2-14）和式（2-15）可以看出，只要将式（2-14）中的 E 换成 $E/(1-\mu^2)$，μ 换成 $\mu/(1-\mu)$，则式（2-14）就变成了式（2-15），因此，两种平面问题的物理方程可以写成统一的形式，若以应变表示应力，则两种平面问题物理方程的统一形式为：

$$\begin{bmatrix} \sigma_x \\ \sigma_y \\ \tau_{xy} \end{bmatrix} = \frac{E'}{1-\mu'^2} \begin{bmatrix} 1 & \mu' & 0 \\ \mu' & 1 & 0 \\ 0 & 0 & \dfrac{1-\mu'}{2} \end{bmatrix} \begin{bmatrix} \varepsilon_x \\ \varepsilon_y \\ \gamma_{xy} \end{bmatrix} \tag{2-16}$$

对于平面应力问题，$E' = E$、$\mu' = \mu$；对于平面应变问题，$E' = E/(1-\mu^2)$、$\mu' = \mu/(1-\mu)$。

2.4 虚功原理

变形体的虚功原理可以叙述如下：变形体中满足平衡的力系在任意满足协调条件的变形状态上做的虚功等于零，即体系外力的虚功与内力的虚功之和等于零。虚功原理是虚位移原理和虚应力原理的总称，它们都可以认为是与某些控制方程相等效的积分"弱"形式。虚位移原理是平衡方程和力的边界条件的等效积分"弱"形式；虚应力原理则是几何方程和位移边界条件的等效积分"弱"形式。

虚功原理的应用条件为：

① 力系在变形过程中始终保持平衡；

② 变形是连续的，不出现搭接和裂缝；

③ 虚功原理既适合于变形体，也适合于刚体。

2.4.1 虚位移

虚位移（virtual displacement），是指假定的、约束允许的、任意的、微小的位移，它不是结构实际产生的位移。约束允许是指结构的虚位移必须满足变形协调条件和几何边界条件；任意的和微小的是指包括约束条件允许的所有可能出现的位移而与结构外载荷状况无关，同时它是一个微量。

2.4.2 实功与虚功

实功是作用在结构上的力在实位移上所做的功，其大小为如图 2-3(a) 所示三角形面积 $Fu/2$；虚功是作用在结构上的力在虚位移上所做的功：$W_e = F\delta^*$，虚位移过程中，力 F 是恒定不变的，如图 2-3(b) 所示。

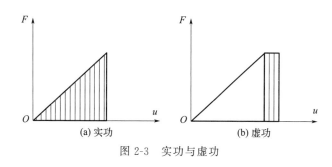

图 2-3 实功与虚功

2.4.3 外力虚功与内力虚功

结构上，凡是作用力在不是自身原因，而是其他原因引起的位移上做的功，就称为虚功。这里"虚"字不是"虚无"的意思，而是强调位移不是由力自身引起的，而是由其他力、支座移动或温度变化等原因引起的。

与实功相似，虚功也分为外力虚功和内力虚功。

图 2-4 所示简支梁在集中力 F 的作用下，已经产生了一定的变形，如图点画线所示。后来由于别的原因，梁又产生新的变形，如图 2-4(a) 中虚线所示，在载荷 F 的作用点产生新的位移，由 A 点移动到 B 点，产生的位移量为 δ^*，这个位移与原来的力 F 无关，力 F 在产生新的位移过程中做了虚功，虚功大小为图 2-4(b) 中矩形面积。

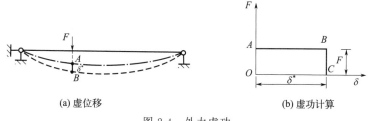

(a) 虚位移 (b) 虚功计算

图 2-4 外力虚功

简言之，外力虚功（external virtual work）是指如果在结构上作用有外载荷 F，在力作用点上相应产生虚位移 δ^*，外载荷在虚位移上所做的功称为外力虚功，用 W_e 表示，则有：

$$W_e = \boldsymbol{\delta}^{*T} \boldsymbol{F} \tag{2-17}$$

式中，星号（＊）表示虚位移、虚应变，且：

$$\boldsymbol{\delta}^* = \begin{bmatrix} u & v & w \end{bmatrix}^T$$

$$\boldsymbol{F} = \begin{bmatrix} F_x & F_y & F_z \end{bmatrix}^T$$

内力虚功如图 2-5 所示，简支梁在载荷作用下已经产生了一定的变形，后来由于别的原因，梁又产生新的变形，如图 2-5(a) 中虚线所示，取微段 ds 为分离体，载荷已经引起的内力有 N、Q 和 M。因为它们与新的变形无关，所以它们在新的变形上做了虚功。dw_N、dw_Q 和 dw_M 各微段内力的虚功求和，就得到整个结构的内力虚功 W_i。

$$W_i = \int dw_N + \int dw_Q + \int dw_M$$

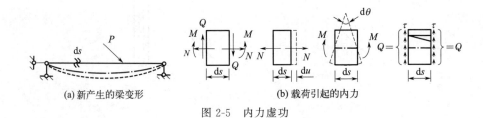

(a) 新产生的梁变形　　　　　　　　　　(b) 载荷引起的内力

图 2-5　内力虚功

2.4.4　虚应变能

应用热力学第一、第二定律，高斯（Gauss）积分公式和欧拉（Euler）定理，可推导出单位体积应变能 $\boldsymbol{U}$：

$$U = \frac{1}{2} D_{ijkl} \boldsymbol{\varepsilon}_{ij} \boldsymbol{\varepsilon}_{kl} \tag{2-18}$$

在结构产生虚位移的过程中，结构内部将产生虚变形，结构内力（由作用在结构上的外载荷产生的真实内力）在虚变形上做内力虚功，用 W_i 表示；内力虚功转换为能量贮存在结构内部成为结构的虚应变能（为克服内力所做的功等于贮存的应变能，而内力本身在变形过程中做负功），用 ΔU 表示，则有：

$$\Delta U = -W_i \tag{2-19}$$

2.4.5　虚位移原理

根据能量守恒原理，则有外力所做虚功 W_e 应该等于内力虚功，即 $W_e = W_i$。如果忽略微小的能量损耗，则外力虚功全部转换为结构相应增加的结构变形能，即：

$$\int_V \boldsymbol{\varepsilon}^{*T} \boldsymbol{\sigma} \, dV = \boldsymbol{\delta}^{*T} \boldsymbol{F} \tag{2-20}$$

结构平衡的必要、充分条件：结构在外载荷作用下处于平衡状态则在结构上的力在任意虚位移上所做的虚功之和等于零，反之亦然。

式(2-20)就是虚位移原理的一般表示式，它通过虚位移和虚应变表明了外力与应力之间的关系，该公式是得到解决各种具体问题的有限元公式的基础。

2.5　位移模式与形函数

2.5.1　位移模式

在有限元中，将连续体划分成为若干单元，单元与单元之间用节点连接起来，有限元所求的位移就是这些节点的位移，与结构体积相比，当单元划分很小时，这些单元节点位移就能够反映出整个结构的位移场情况。这里，将每个单元都看作是一个连续的、均匀的、完全弹性的各向同性体。由式(2-5)可知，如果位移函数 u 是坐标（x，y，z）的已知函数，则由式(2-5)可得到应变，再由式(2-7)可得到应力。

根据有限元的思想，单元节点位移作为待求未知量，是离散的，不是坐标的函数，式(2-5)、式(2-7)都不能直接用，因此，首先要想办法得到单元内任意点位移用节点坐标表示的函数，显然，当单元划分得很小时，就可以采用插值方法将单元中的位移分布表示成节点坐标的简单函数，这就是位移模式（displacement model）或位移函数。

在构造位移模式时，应考虑位移模式中的参数数目必须与单元的节点位移未知数数目相同，且位移模式应满足收敛性的条件，特别是必须有反映单元的刚体位移项和常应变项的低幂次项的函数；另外，必须使位移函数在节点处的值与该点的节点位移值相等。

将单元节点位移记作：

$$\boldsymbol{\delta}^{e} = \begin{bmatrix} \delta_i & \delta_j & \delta_m & \cdots \end{bmatrix}^{\mathrm{T}} = \begin{bmatrix} u_i & v_i & w_i & \cdots \end{bmatrix}^{\mathrm{T}} \tag{2-21}$$

位移模式反映单元中的位移分布形态，是单元中位移的插值函数，在节点处等于该节点位移，位移模式可表示为：

$$\boldsymbol{u} = \boldsymbol{N}\boldsymbol{\delta}^{e} \tag{2-22}$$

其中，$\boldsymbol{N}$ 称为形态函数或形函数。在有限元中，各种计算公式都依赖位移模式，位移模式的选择与有限元法的计算精度和收敛性有关。

2.5.2　形函数

形函数（shape function）是构造出来的，理论和实践证明，位移模式满足下面 3 个条件时，则有限元计算结果在单元尺寸逐步取小时能够收敛于正确结果，应满足的 3 个条件为：

① 必须能反映单元的刚体位移。就是位移模式应反映与本单元形变无关的由其他单元形变所引起的位移。

② 能反映单元的常量应变。所谓常量应变，就是与坐标位置无关，单元内所有点

都具有的相同的应变。当单元尺寸较小时，则单元中各点的应变趋于相等，也就是单元的形变趋于均匀，因而常量应变就成为应变的主要部分。

③ 尽可能反映位移连续性。尽可能反映单元之间位移的连续性，即相邻单元位移协调。

补充说明：一个单元内各点的位移实际上由两部分组成，即单元本身变形引起的位移和其他单元变形通过节点传递来的位移（与自身变形无关），后一部分就是刚体位移。单元应变一般包含与坐标有关的变应变和与坐标无关的常应变，当单元尺寸很小时，单元中各点应变很接近，常应变成为主要部分。条件①和②是收敛的必要条件，满足条件①和②的单元称为完备单元，条件③是收敛的充分条件，满足条件③的单元称为协调单元或保续单元，同时满足 3 个条件的单元称为完备协调单元。

2.6 刚度与刚度矩阵

计算单元刚度矩阵（element stiffness matrix）是位移法有限元分析的重要一步，这里讨论弹簧的刚度用以说明刚度矩阵的物理概念。

使弹簧产生单位位移需要加在弹簧上的力，称为弹簧的刚度系数，简称刚度，由刚度系数组成的矩阵称为刚度矩阵。图 2-6 所示为平面任意弹性体。

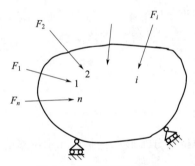

图 2-6　平面任意弹性体

如图 2-6 所示，设有一弹性体，在其上作用有广义力 F_1，F_2，$\cdots$，F_i，$\cdots$，F_n。作用点的编号为 1，2，$\cdots$，i，$\cdots$，n。设在支座约束下，弹性体不能发生刚体运动，仅产生弹性变形。在各点其相应的广义位移（线位移和转角）为 δ_1，δ_2，$\cdots$，δ_i，$\cdots$，δ_n。如以节点 i 为例，广义位移 δ_i 是弹性体受这一组广义力 F_1，F_2，$\cdots$，F_i，$\cdots$，F_n 共同作用而产生的。由于弹性体服从胡克定律和微小变形的假定，按叠加原理可写出线性方程式（注意：只有线弹性体才能进行叠加）：

$$\delta_i = c_{i1}F_1 + c_{i2}F_2 + \cdots + c_{ij}F_j + \cdots + c_{in}F_n \tag{2-23}$$

式中，c 为单位载荷（$F_j = 1$）作用在 j 点上而在 i 点产生的 F_j 方向的位移。因此，作用在 j 点上的力（$F_j \neq 1$）所引起 i 点的位移应为 $c_{ij}F_j$。c_{ij} 称为柔度系数或位移影响系数。同理，可写出每一个点的位移方程式为：

$$\begin{cases} \delta_1 = c_{11}F_1 + c_{12}F_2 + \cdots + c_{1j}F_j + \cdots + c_{1n}F_n \\ \delta_2 = c_{21}F_1 + c_{22}F_2 + \cdots + c_{2j}F_j + \cdots + c_{2n}F_n \\ \qquad\qquad\qquad\qquad \vdots \\ \delta_i = c_{i1}F_1 + c_{i2}F_2 + \cdots + c_{ij}F_j + \cdots + c_{in}F_n \\ \qquad\qquad\qquad\qquad \vdots \\ \delta_n = c_{n1}F_1 + c_{n2}F_2 + \cdots + c_{nj}F_j + \cdots + c_{nn}F_n \end{cases} \tag{2-24}$$

写成矩阵形式为：

$$\begin{bmatrix} \delta_1 \\ \delta_2 \\ \vdots \\ \delta_i \\ \vdots \\ \delta_n \end{bmatrix} = \begin{bmatrix} c_{11} & c_{12} & \cdots & c_{1n} \\ c_{21} & c_{22} & \cdots & c_{2n} \\ \vdots & \vdots & & \vdots \\ c_{i1} & c_{i2} & \cdots & c_{in} \\ \vdots & \vdots & & \vdots \\ c_{n1} & c_{n2} & \cdots & c_{nn} \end{bmatrix} \begin{bmatrix} F_1 \\ F_2 \\ \vdots \\ F_i \\ \vdots \\ F_n \end{bmatrix} \tag{2-25}$$

简写为：

$$\boldsymbol{\delta} = \boldsymbol{C}\boldsymbol{F} \tag{2-26}$$

式中，$\boldsymbol{C}$ 称为柔度矩阵。

反之，如果用位移表示所产生的力时（用位移法求解的有限元），则同理可得在 i 点由这组广义位移所引起的力为：

$$F_i = k_{i1}\delta_1 + k_{i2}\delta_2 + \cdots + k_{ij}\delta_j + \cdots + k_{in}\delta_n \tag{2-27}$$

如有 n 个点，可写出 n 个表示式，即：

$$\begin{bmatrix} F_1 \\ F_2 \\ \vdots \\ F_i \\ \vdots \\ F_n \end{bmatrix} = \begin{bmatrix} k_{11} & k_{12} & \cdots & k_{1n} \\ k_{21} & k_{22} & \cdots & k_{2n} \\ \vdots & \vdots & & \vdots \\ k_{i1} & k_{i2} & \cdots & k_{in} \\ \vdots & \vdots & & \vdots \\ k_{n1} & k_{n2} & \cdots & k_{nn} \end{bmatrix} \begin{bmatrix} \delta_1 \\ \delta_2 \\ \vdots \\ \delta_i \\ \vdots \\ \delta_n \end{bmatrix} \tag{2-28}$$

简写为：

$$\boldsymbol{F} = \boldsymbol{K}\boldsymbol{\delta} \tag{2-29}$$

式中，$\boldsymbol{K}$ 为刚度矩阵。刚度系数 k_{ij} 表示 j 点有单位位移（$\delta_j = 1$）而在 i 点所引起的力，如果力和位移同向则为正，反之为负。因此，在 j 点上如果位移为 δ_j 时（$\delta_j \neq 1$），则在 i 点上引起的力为 $k_{ij}\delta_j$。如果弹性体在 n 个点上均产生位移，即有 δ_1，δ_2，$\cdots$，δ_i，$\cdots$，δ_n。则按线性叠加原理，在 n 个点上所引起的力即为：$\boldsymbol{F} = \boldsymbol{K}\boldsymbol{\delta}$。

如果弹性体只取一个单元，则称为单元刚度矩阵（单刚矩阵），通常表示为 $\boldsymbol{k}^{\textcircled{e}}$，如果是由各个单元组集成的总体结构，则 $\boldsymbol{K}$ 称为结构刚度矩阵（总体刚度矩阵、总刚矩阵、整体刚度矩阵）。

习题

2-1 何为虚功？虚功原理的具体思路是什么？

2-2 虚功原理的适用条件有哪些？

2-3 位移模式的概念是什么？

2-4 如何构造位移模式？

2-5 弹性力学问题的求解需要满足哪些条件？

3 杆系结构有限元分析

教学目标

在工程领域中，杆件是最重要的基本结构元件之一，例如梁、桁架、刚架等都是由杆件所组成的。本章主要介绍平面桁架单元、平面刚架单元，重点说明杆系结构有限元的一般方法，并通过简单算例将计算结果与软件计算结果进行对比。对空间桁架单元只作简单介绍。

重点和难点

杆系结构有限元的计算方法和步骤

有限元软件基本操作

3.1 引言

结构单元是杆系单元和板壳单元的总称，杆件和板壳在工程中有广泛的应用，它们的力学分析属于结构力学范畴。对于一般几何形状的三维结构或构件，即使限于弹性分析，要获得它的解析解也是很困难的。对于杆件或板壳，由于它们在几何上分别具有两个方向和一个方向的尺度比其他方向小得多的特点，在分析中可以在其变形和应力方面引入一定的假设，使杆件和板壳分别简化为一维问题和二维问题，从而方便问题的求解。这种引入一定的假设，使一些典型构件的力学分析成为实际可能，是结构力学的基本特点。但是即使如此，对于杆件和板壳组成的结构系统，特别是它们在一般载荷条件的作用下，解析求解仍然存在困难，因此在有限元法开始成功地应用于弹性力学的平面问题和空间问题以后，很自然地，人们将杆件和板壳问题的求解作为它的一个重要发展目标。

杆系结构的有限元法又称为结构矩阵分析法，其中以矩阵位移法应用最广，这里以虚功原理推导杆系结构单元有限元公式。

3.2 简单杆系结构的有限元分析

平面杆系结构是工程上常见的一类结构，此类结构所有的杆件轴线与载荷作用线均在同一平面上。例如，平面桁架、平面刚架、连续梁等属此类结构。对此类结构进行分析时，可将每一杆件作为结构的单元（简称为杆单元），杆单元的端点称为节点，结构可看成是由有限个杆单元在节点处连接组合而成。

对此类结构的有限元分析在工程上具有重要的意义。下面，通过一个简单例题来说明用有限元方法分析平面杆系结构问题的一般步骤。

【例 3-1】 图 3-1 所示为两个等截面（单位面积）的①和②杆系结构，在节点 2 处铰连成一简单杆系，该杆系在节点 1 处与支座铰连，并在节点 2 和 3 处分别受有外加轴向载荷 F_2、F_3，求：节点 2、3 处的位移，单元①和②杆的应力及节点 1 处支座反力。

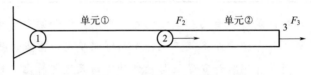

图 3-1 等截面杆系结构

求解思路与第 1 章求解步骤基本一致。

第一步：结构离散化，为简单起见，将该杆系划分为 2 个单元，3 个节点。

第二步：构造形函数。任意取一单元，为了简化说明，假设杆就在局部坐标轴 ξ 上，为一维杆系结构单元，节点号为 i 和 j，按一维拉格朗日（Lagrange）插值公式，有：

$$\boldsymbol{u}=\boldsymbol{N}\boldsymbol{\delta}^{e}=\left[1-\frac{\xi-\xi_i}{\xi_j-\xi_i}\quad\frac{\xi-\xi_i}{\xi_j-\xi_i}\right]\begin{bmatrix}u_i\\u_j\end{bmatrix} \tag{3-1}$$

容易验证，$\xi=\xi_i$，则 $u=u_i$；$\xi=\xi_j$，则 $u=u_j$，即此时的形函数为线性函数。式(3-1) 可以简写为：

$$\boldsymbol{u}=\boldsymbol{N}\boldsymbol{\delta}^{e}=\begin{bmatrix}N_i & N_j\end{bmatrix}\begin{bmatrix}u_i\\u_j\end{bmatrix} \tag{3-2}$$

第三步：几何方程。

这里是一维问题，所以是微分而不是偏微分。根据式(3-2)，由几何方程，可导出由节点位移表示的单元应变为：

$$\boldsymbol{\varepsilon}=\frac{\mathrm{d}\boldsymbol{u}}{\mathrm{d}\xi}=\begin{bmatrix}\dfrac{\mathrm{d}N_i}{\mathrm{d}\xi} & \dfrac{\mathrm{d}N_j}{\mathrm{d}\xi}\end{bmatrix}\begin{bmatrix}u_i\\u_j\end{bmatrix}=\begin{bmatrix}-\dfrac{1}{\xi_j-\xi_i} & \dfrac{1}{\xi_j-\xi_i}\end{bmatrix}\begin{bmatrix}u_i\\u_j\end{bmatrix}=\boldsymbol{B}\boldsymbol{\delta}^{e} \tag{3-3}$$

式中，$\boldsymbol{B}$ 为单元应变矩阵。

第四步：根据虚功原理推导单元刚度矩阵（注：加星号的为虚）。由式(3-3) 得：

$$\boldsymbol{\varepsilon}^{*}=\boldsymbol{B}\boldsymbol{\delta}^{*e} \tag{3-4}$$

进而得到：

$$\boldsymbol{\varepsilon}^{*\mathrm{T}}=\boldsymbol{\delta}^{*e\mathrm{T}}\boldsymbol{B}^{\mathrm{T}} \tag{3-5}$$

由式(3-3) 得物理方程为：

$$\boldsymbol{\sigma}=E\boldsymbol{\varepsilon}=E\boldsymbol{B}\boldsymbol{\delta}^{e} \tag{3-6}$$

对于任意单元，应用虚功方程（2-20）得：

$$\int_{\xi_i}^{\xi_j}\boldsymbol{\delta}^{*e\mathrm{T}}\boldsymbol{B}^{\mathrm{T}}\boldsymbol{E}\boldsymbol{B}\boldsymbol{\delta}^{e}\,\mathrm{d}\xi=\boldsymbol{\delta}^{*e\mathrm{T}}\boldsymbol{F}^{e} \tag{3-7}$$

由于 $\boldsymbol{\delta}^{*e\mathrm{T}}$ 为任意的，方程两边去掉该项后依然相等，得：

$$\boldsymbol{F}^{e}=\int_{\xi_i}^{\xi_j}\boldsymbol{B}^{\mathrm{T}}\boldsymbol{E}\boldsymbol{B}\,\mathrm{d}\xi\boldsymbol{\delta}^{e} \tag{3-8}$$

令

$$\boldsymbol{k}^{e}=\int_{\xi_i}^{\xi_j}\boldsymbol{B}^{\mathrm{T}}\boldsymbol{E}\boldsymbol{B}\,\mathrm{d}\xi \tag{3-9}$$

则有：

$$\boldsymbol{F}^{e}=\boldsymbol{k}^{e}\boldsymbol{\delta}^{e} \tag{3-10}$$

其中，$\boldsymbol{k}^{e}$ 就称为单元刚度矩阵。单元刚度矩阵中每一个元素 k_{ij} 的意义是：当节点 j 产生单位位移时，在节点 i 上所引起的节点力，即节点 j 对节点 i 的刚度贡献。

令 $\xi_j-\xi_i=l_e$，则由式(3-3) 和式(3-9) 可得：

$$\boldsymbol{k}^{e}=E\int_{\xi_i}^{\xi_j}\begin{bmatrix}-\dfrac{1}{l_e}\\[2mm]\dfrac{1}{l_e}\end{bmatrix}\begin{bmatrix}-\dfrac{1}{l_e},\dfrac{1}{l_e}\end{bmatrix}\mathrm{d}\xi=\begin{bmatrix}k_{ii}&k_{ij}\\k_{ji}&k_{jj}\end{bmatrix}=\dfrac{E}{l_e}\begin{bmatrix}1&-1\\-1&1\end{bmatrix} \tag{3-11}$$

第五步：总体刚度矩阵。

单元刚度矩阵形成后，应将各单元刚度矩阵组装集合成整体刚度矩阵（即总体刚度矩阵）。如图 3-2 所示为杆系结构两单元节点编号示意图，式(3-11) 可得总体刚度矩阵为：

$$\boldsymbol{K}=\begin{bmatrix}k_{11}^{①}&k_{12}^{①}&0\\k_{21}^{①}&k_{22}^{①}+k_{22}^{②}&k_{23}^{②}\\0&k_{32}^{②}&k_{33}^{②}\end{bmatrix} \tag{3-12}$$

其中，上标表示单元号，下标表示节点号。

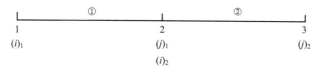

图 3-2 杆系结构两单元节点编号示意图

第六步：引入边界条件，求解节点位移。

总体刚度矩阵 $\boldsymbol{K}$ 组合完成后，由式(1-6) 即可获得整个结构的平衡方程为：

$$\begin{bmatrix}F_1\\F_2\\F_3\end{bmatrix}=E\begin{bmatrix}\dfrac{1}{l_1}&-\dfrac{1}{l_1}&0\\[3mm]-\dfrac{1}{l_1}&\dfrac{1}{l_1}+\dfrac{1}{l_2}&-\dfrac{1}{l_2}\\[3mm]0&-\dfrac{1}{l_2}&\dfrac{1}{l_2}\end{bmatrix}\begin{bmatrix}u_1\\u_2\\u_3\end{bmatrix} \tag{3-13}$$

第
3
章

整个结构的边界条件为 $u_1=0$，F_2 和 F_3 已知，3 个未知量和 3 个方程，因此式(3-13)可求得唯一解。

$$\begin{bmatrix} u_2 \\ u_3 \end{bmatrix} = \frac{1}{E} \begin{bmatrix} l_1 & l_1 \\ l_1 & l_1+l_2 \end{bmatrix} \begin{bmatrix} F_2 \\ F_3 \end{bmatrix} \tag{3-14}$$

第七步：求应力和应变。

由式(3-3) 可得：

$$\varepsilon_1 = \frac{u_2}{l_1} \quad , \quad \varepsilon_2 = \frac{u_3-u_2}{l_2}$$

再由式(3-6) 得：

$$\sigma_1 = E\frac{u_2}{l_1} \quad , \quad \varepsilon_2 = E\frac{u_3-u_2}{l_2}$$

3.3　整体坐标系下的单元刚度矩阵

前面推导的局部坐标系下的单元刚度矩阵，在整体坐标系下是不能使用的。因为，整体坐标系统下各个杆件方向一般是不一致的，要叠加每个单元的刚度贡献，就必须将统一在同一个坐标系下的刚度贡献叠加，这就需要将局部坐标系下的刚度矩阵通过坐标转换矩阵，化为整体坐标系下的单元刚度矩阵。

在整体坐标系下，单元两端的节点位移一般不在杆件方向上，所以就需要建立任意方向位移和任意方向力的转换关系。这里将力和位移先投影到整体坐标系的坐标轴方向，以便将所有单元的力和位移方向统一起来。

图 3-3 中的 U_i 和 U_j 是杆件沿着局部坐标系方向的节点力，它引起两个节点在局部坐标系下的位移 u_i、u_j。v_i、v_j 是局部坐标系下的节点横向位移，它们没有对应的节点力。在整体坐标系下，杆的两端的节点力 $\boldsymbol{P}^{\textcircled{e}} = \{P_{ix}，P_{iy}，P_{jx}，P_{jy}\}^{\textcircled{e}\mathrm{T}}$ 引起两端的节点位移 $\boldsymbol{u}^{\textcircled{e}} = \{u_{ix}，u_{iy}，u_{jx}，u_{jy}\}^{\textcircled{e}\mathrm{T}}$，它们都沿着整体坐标轴的方向，此时的单元刚度变为四个节点力和四个节点位移之间的关系：

$$\begin{bmatrix} P_{ix} \\ P_{iy} \\ P_{jx} \\ P_{jy} \end{bmatrix}^{\textcircled{e}} = \begin{bmatrix} k_{11}^{\textcircled{e}} & k_{12}^{\textcircled{e}} & k_{13}^{\textcircled{e}} & k_{14}^{\textcircled{e}} \\ k_{21}^{\textcircled{e}} & k_{22}^{\textcircled{e}} & k_{23}^{\textcircled{e}} & k_{24}^{\textcircled{e}} \\ k_{31}^{\textcircled{e}} & k_{32}^{\textcircled{e}} & k_{33}^{\textcircled{e}} & k_{34}^{\textcircled{e}} \\ k_{41}^{\textcircled{e}} & k_{42}^{\textcircled{e}} & k_{43}^{\textcircled{e}} & k_{44}^{\textcircled{e}} \end{bmatrix} \begin{bmatrix} u_{ix} \\ v_{iy} \\ u_{jx} \\ v_{jy} \end{bmatrix}^{\textcircled{e}} \tag{3-15}$$

杆件单元只能承受轴向力，但是节点可以发生任意方向的节点位移。所以在图 3-3 中，杆端的节点力 P_{ix}、P_{iy} 和 P_{jx}、P_{jy} 必然合成为沿杆件方向的杆端的轴向力 U_i 和 U_j。同时，轴向位移 u_{ix}、u_{jy} 和横向位移 v_{ix}、v_{jy} 合成为节点位移 u_i、v_i 和 u_j、v_j。下面借用局部坐标系下的单元刚度矩阵来导出整体坐标系下单元刚度矩阵时，这两个合成关系是非常重要的。首先将杆端节点力化为轴向力，然后就可以利用局部坐标系下的单元刚度矩阵了。

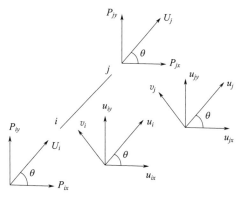

图 3-3　整体坐标系下单元节点位移解节点力

$$
\begin{bmatrix} P_{ix} \\ P_{iy} \\ P_{jx} \\ P_{jy} \end{bmatrix}^{e} = \begin{bmatrix} U_i\cos\theta \\ U_i\sin\theta \\ U_j\cos\theta \\ U_j\sin\theta \end{bmatrix} = \begin{bmatrix} \cos\theta & 0 & 0 & 0 \\ \sin\theta & 0 & 0 & 0 \\ 0 & 0 & \cos\theta & 0 \\ 0 & 0 & \sin\theta & 0 \end{bmatrix} \begin{bmatrix} U_i \\ 0 \\ U_j \\ 0 \end{bmatrix}^{e} \tag{3-16}
$$

简写为矩阵形式

$$
\boldsymbol{P}^{e} = \boldsymbol{T}_P \boldsymbol{U}^{e}
$$

根据局部坐标系下的单元刚度矩阵，轴向力和轴向位移之间有如下关系：

$$
\begin{bmatrix} U_i \\ 0 \\ U_j \\ 0 \end{bmatrix}^{e} = \frac{EA}{l} \begin{bmatrix} 1 & 0 & -1 & 0 \\ 0 & 0 & 0 & 0 \\ -1 & 0 & 1 & 0 \\ 0 & 0 & 0 & 0 \end{bmatrix} \begin{bmatrix} u_{ix} \\ v_{iy} \\ u_{jx} \\ v_{jy} \end{bmatrix}^{e} \tag{3-17}
$$

对于每个节点，有

$$
u_{ix} = u_i\cos\theta + v_i\sin\theta
$$
$$
v_{iy} = -u_i\sin\theta + v_i\cos\theta
$$

写成矩阵形式

$$
\begin{bmatrix} u_{ix} \\ v_{iy} \end{bmatrix} = \begin{bmatrix} \cos\theta & \sin\theta \\ -\sin\theta & \cos\theta \end{bmatrix} \begin{bmatrix} u_i \\ v_i \end{bmatrix} \tag{3-18}
$$

同理，可以对 j 节点得到类似关系。将两个节点的四个位移分量合并成矩阵形式为

$$
\begin{bmatrix} u_{ix} \\ v_{iy} \\ u_{jx} \\ v_{jy} \end{bmatrix}^{e} = \begin{bmatrix} \cos\theta & \sin\theta & 0 & 0 \\ -\sin\theta & \cos\theta & 0 & 0 \\ 0 & 0 & \cos\theta & \sin\theta \\ 0 & 0 & -\sin\theta & \cos\theta \end{bmatrix} \begin{bmatrix} u_i \\ v_i \\ u_j \\ v_j \end{bmatrix}^{e} \tag{3-19}
$$

简写为矩阵形式

$$
\boldsymbol{u}^{e} = \boldsymbol{T}_a \boldsymbol{a}^{e} \tag{3-20}
$$

将式(3-17)、式(3-19)代入式(3-16)，得到

$$\begin{bmatrix} P_{ix} \\ P_{iy} \\ P_{jx} \\ P_{jy} \end{bmatrix}^{e} = \begin{bmatrix} \cos\theta & 0 & 0 & 0 \\ \sin\theta & 0 & 0 & 0 \\ 0 & 0 & \cos\theta & 0 \\ 0 & 0 & \sin\theta & 0 \end{bmatrix} \frac{EA}{l} \begin{bmatrix} 1 & 0 & -1 & 0 \\ 0 & 0 & 0 & 0 \\ -1 & 0 & 1 & 0 \\ 0 & 0 & 0 & 0 \end{bmatrix} \begin{bmatrix} \cos\theta & \sin\theta & 0 & 0 \\ -\sin\theta & \cos\theta & 0 & 0 \\ 0 & 0 & \cos\theta & \sin\theta \\ 0 & 0 & -\sin\theta & \cos\theta \end{bmatrix} \begin{bmatrix} u_i \\ v_i \\ u_j \\ v_j \end{bmatrix}^{e}$$

化简后得

$$\begin{bmatrix} P_{ix} \\ P_{iy} \\ P_{jx} \\ P_{jy} \end{bmatrix}^{e} = \frac{EA}{l} \begin{bmatrix} \cos^2\theta & \sin\theta\cos\theta & -\cos^2\theta & -\sin\theta\cos\theta \\ \sin\theta\cos\theta & \sin^2\theta & -\sin\theta\cos\theta & -\sin^2\theta \\ -\cos^2\theta & -\sin\theta\cos\theta & \cos^2\theta & \sin\theta\cos\theta \\ -\cos\theta\sin\theta & -\sin^2\theta & \sin\theta\cos\theta & \sin^2\theta \end{bmatrix} \begin{bmatrix} u_i \\ v_i \\ u_j \\ v_j \end{bmatrix}^{e}$$

$$(3\text{-}21)$$

则整体坐标系下单元刚度矩阵 $\boldsymbol{k}^{e}$ 为

$$\boldsymbol{k}^{e} = \frac{EA}{l} \begin{bmatrix} \cos^2\theta & \sin\theta\cos\theta & -\cos^2\theta & -\sin\theta\cos\theta \\ \sin\theta\cos\theta & \sin^2\theta & -\sin\theta\cos\theta & -\sin^2\theta \\ -\cos^2\theta & -\sin\theta\cos\theta & \cos^2\theta & \sin\theta\cos\theta \\ -\cos\theta\sin\theta & -\sin^2\theta & \sin\theta\cos\theta & \sin^2\theta \end{bmatrix} \qquad (3\text{-}22)$$

当杆件两端节点的坐标位置分别为 x_i、y_i 和 x_j、y_j 时，式(3-22) 中的三角函数值等于

$$\left. \begin{aligned} l &= \sqrt{(x_j - x_i)^2 + (y_j - y_i)^2} \\ \cos\theta &= \frac{(x_j - x_i)}{l} \\ \sin\theta &= \frac{(y_j - y_i)}{l} \end{aligned} \right\} \qquad (3\text{-}23)$$

3.4　整体刚度矩阵

形成整体刚度矩阵，常用的方法是刚度集成法，也称"直接刚度法"。它是直接利用单元刚度矩阵的"叠加"来形成整体刚度矩阵，其步骤如下。

第一步，将式(3-11) 单元刚度矩阵 $\boldsymbol{k}^{e}$ 扩阶，由原来的 2×2 矩阵扩大为与整体刚度矩阵同阶的 3×3 矩阵。$\boldsymbol{k}^{e}$ 中的四个元素按整体编号顺序在扩阶后的 3×3 矩阵内放置，空白处补零。这样得到的矩阵称为单元贡献矩阵，用符号 $\boldsymbol{K}^{e}$ 表示，于是，单元①的单元贡献矩阵为

$$\boldsymbol{K}^{①} = \begin{matrix} & \begin{matrix} 1 & \ \ 2 & \ 3 \end{matrix} & \\ \begin{bmatrix} k_{ii}^{①} & k_{ij}^{①} & 0 \\ k_{ji}^{①} & k_{jj}^{①} & 0 \\ 0 & 0 & 0 \end{bmatrix} & \begin{matrix} 1 \\ 2 \\ 3 \end{matrix} \end{matrix}$$

单元②的单元贡献矩阵为

$$\boldsymbol{K}^{②}=\begin{matrix} & 1 & 2 & 3 \\ \begin{bmatrix} 0 & 0 & 0 \\ 0 & k_{ii}^{②} & k_{ij}^{②} \\ 0 & k_{ji}^{②} & k_{jj}^{②} \end{bmatrix} & \begin{matrix} 1 \\ 2 \\ 3 \end{matrix} \end{matrix}$$

第二步，利用节点相对应的原则，将单元贡献矩阵相叠加，形成整体刚度矩阵，即

$$\boldsymbol{K}=\boldsymbol{K}^{①}+\boldsymbol{K}^{②}=\begin{matrix} & 1 & 2 & 3 \\ \begin{bmatrix} k_{ii}^{①} & k_{ij}^{①} & 0 \\ k_{ji}^{①} & k_{jj}^{①}+k_{ii}^{②} & k_{ji}^{②} \\ 0 & k_{ji}^{②} & k_{jj}^{②} \end{bmatrix} & \begin{matrix} 1 \\ 2 \\ 3 \end{matrix} \end{matrix}$$

下面以图 3-4 所示的刚架为例，演示整体刚度矩阵的组装过程。图 3-4 中具有组合节点的刚架划分为三个单元，其编号为①、②、③，各杆之上的箭头表示局部坐标系 x 轴的正方向。刚架节点编号为 1~5，在铰 C 处编两个节点号 3 和 4。这是由于横梁 BC 的 C 端和立柱 CD 的 C 端角位移不相等，且都是独立的未知量。一个节点编号对应的位移分量有三个，按 u、v、θ 顺序编号，其中一个角位移为 θ。如果 C 节点采用一个编号表达 C 节点处相连的两个单元的两个独立的角位移，就会出现困难，采用两个节点号可以解决。

下面考虑各单元节点的位移分量编号。采用"先处理法"需作如下规定：

① 仅对独立的位移分量按自然数顺序编号，称为位移号。若某些位移分量由于联结条件或直杆轴向刚性条件（即忽略轴向变形）的限制彼此相等，则将它们编为同一位移号。

② 在支座处，由于刚性约束而使某些位移分量为零时，此位移分量编号为 0。

在图 3-4 所示刚架中，支座 1 和 5 的位移分量都等于零，因此节点位移分量编号均为 (0,0,0)；节点 2 的位移分量按 u、v、θ 的顺序编为 (1,2,3)；节点 3 和 4 的水平位移分量 u、竖向位移分量 v 分别相等，只有角位移不等，因此节点 3 编为 (4,5,6)，节点 4 编为 (4,5,7)。

综上所述，该刚架的单元划分、节点及单元位移分量的编号如表 3-1 所示，并标于图 3-4 中。

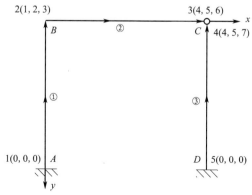

图 3-4　刚架

表 3-1　单元、节点以及单元位移分量编号

杆	单元编号	单元节点编号		单元位移分量编号	
		始端	末端		
AB	①	1	2	$(0,0,0)$	$(1,2,3)$
BC	②	2	3	$(1,2,3)$	$(4,5,6)$
CD	③	5	4	$(0,0,0)$	$(4,5,7)$

在进行了单元分析得出单元刚度矩阵之后，需要进行整体分析。将离散单元重新组合成原结构，使其满足结构节点的位移连续条件和力的平衡条件，从而得到修正的结构整体刚度方程，即

$$\boldsymbol{K}_{FF}\boldsymbol{\Delta}_F = \boldsymbol{P}_F \tag{3-24}$$

式中，$\boldsymbol{K}_{FF}$ 为修正的结构整体刚度矩阵；$\boldsymbol{\Delta}_F$、$\boldsymbol{P}_F$ 分别为自由节点位移分量列阵与自由节点载荷列阵。当已知计算对象为自由节点位移分量而不致引起误解时，式(3-24)也常简称为整体刚度方程，$\boldsymbol{K}_{FF}$ 简称为整体刚度矩阵，$\boldsymbol{\Delta}_F$、$\boldsymbol{P}_F$ 分别简称为节点位移列阵与载荷列阵。为了书写简便，它们的下标常常被略去。

由单元刚度矩阵集成整体刚度矩阵，通常采用"直接刚度法"。在本节中已作了介绍，把计算过程分为两步，首先求出各单元贡献矩阵，然后将它们叠加起来，得出整体刚度矩阵。然而在实际计算中，这种做法是不便采用的，原因是在计算中需要先将所有单元的贡献矩阵 $\boldsymbol{K}^e$ 都存储起来，而 $\boldsymbol{K}^e$ 的阶数与整体刚度矩阵 $\boldsymbol{K}$ 的阶数相同，这样就要占用大量的计算机存储容量。因此，在实际运算中，通常不采用贡献矩阵叠加的方法，而是采用"边定位，边累加"的方法。这样做，应用直接刚度法求整体刚度矩阵的基本原理并没有变，所得到的整体刚度矩阵与叠加所有单元贡献矩阵的结果完全相同。下面举例说明这一方法的应用。图 3-4 所示的结构划分为 3 个单元、5 个节点，有 7 个独立的位移分量。整体刚度矩阵为 7×7 阶矩阵。现在的问题是如何确定单元刚度矩阵中各元素在整体刚度矩阵中的位置，以下分别予以考虑。

单元①的单元刚度矩阵

$$\boldsymbol{k}^{①} = \begin{bmatrix} k_{11} & k_{12} & k_{13} & k_{14} & k_{15} & k_{16} \\ k_{21} & k_{22} & k_{23} & k_{24} & k_{25} & k_{26} \\ k_{31} & k_{32} & k_{33} & k_{34} & k_{35} & k_{36} \\ k_{41} & k_{42} & k_{43} & k_{44} & k_{45} & k_{46} \\ k_{51} & k_{52} & k_{53} & k_{54} & k_{55} & k_{56} \\ k_{61} & k_{62} & k_{63} & k_{64} & k_{65} & k_{66} \end{bmatrix} \begin{matrix} 0 \\ 0 \\ 0 \\ 1 \\ 2 \\ 3 \end{matrix}$$

上式中单元刚度矩阵的上面和右侧标记了单元节点位移分量编号。因为整体刚度矩阵各元素是按位移分量编号排列的，按先处理法，单元刚度矩阵中对应于位移分量编号为零的元素不进入整体刚度矩阵，非零位移分量编号指明了其余各元素在整体刚度矩阵

中的行、列号。例如 $k_{45}^{①}$ 对应于第 4 行的位移分量编号为 1，第 5 列的编号是 2，它在整体刚度矩阵中应放在 K_{12} 位置。$k^{①}$ 各元素在整体刚度矩阵 K 中的位置为

$$k_{44}^{①} \to K_{11}; k_{45}^{①} \to K_{12}; k_{46}^{①} \to K_{13}$$

$$k_{54}^{①} \to K_{21}; k_{55}^{①} \to K_{22}; k_{56}^{①} \to K_{23}$$

$$k_{64}^{①} \to K_{31}; k_{65}^{①} \to K_{32}; k_{66}^{①} \to K_{33}$$

单元②的刚度矩阵

$$
k^{②} =
\begin{array}{c}
\begin{array}{cccccc} 1 & 2 & 3 & 4 & 5 & 6 \end{array} \\
\left[
\begin{array}{ccc:ccc}
k_{11} & k_{12} & k_{13} & k_{14} & k_{15} & k_{16} \\
k_{21} & k_{22} & k_{23} & k_{24} & k_{25} & k_{26} \\
k_{31} & k_{32} & k_{33} & k_{34} & k_{35} & k_{36} \\
\hdashline
k_{41} & k_{42} & k_{43} & k_{44} & k_{45} & k_{46} \\
k_{51} & k_{52} & k_{53} & k_{54} & k_{55} & k_{56} \\
k_{61} & k_{62} & k_{63} & k_{64} & k_{65} & k_{66}
\end{array}
\right]
\begin{array}{c} 1 \\ 2 \\ 3 \\ 4 \\ 5 \\ 6 \end{array}
\end{array}^{②}
$$

$k^{②}$ 各元素在 K 中位置为

$$k_{ij}^{①} \to K_{ij} \quad \binom{i=1,2,\cdots,6}{j=1,2,\cdots,6}$$

单元③的刚度矩阵

$$
k^{③} =
\begin{array}{c}
\begin{array}{cccccc} 0 & 0 & 0 & 4 & 5 & 7 \end{array} \\
\left[
\begin{array}{ccc:ccc}
k_{11} & k_{12} & k_{13} & k_{14} & k_{15} & k_{16} \\
k_{21} & k_{22} & k_{23} & k_{24} & k_{25} & k_{26} \\
k_{31} & k_{32} & k_{33} & k_{34} & k_{35} & k_{36} \\
\hdashline
k_{41} & k_{42} & k_{43} & k_{44} & k_{45} & k_{46} \\
k_{51} & k_{52} & k_{53} & k_{54} & k_{55} & k_{56} \\
k_{61} & k_{62} & k_{63} & k_{64} & k_{65} & k_{66}
\end{array}
\right]
\begin{array}{c} 0 \\ 0 \\ 0 \\ 4 \\ 5 \\ 7 \end{array}
\end{array}^{③}
$$

$k^{③}$ 各元素在 K 中位置为

$$k_{44}^{③} \to K_{44}; k_{45}^{③} \to K_{45}; k_{46}^{③} \to K_{47}$$

$$k_{54}^{③} \to K_{54}; k_{55}^{③} \to K_{55}; k_{56}^{③} \to K_{57}$$

$$k_{64}^{③} \to K_{74}; k_{65}^{③} \to K_{75}; k_{66}^{③} \to K_{77}$$

按以上的定位方法，将 $k^{①}$、$k^{②}$ 和 $k^{③}$ 中的有关元素移到整体刚度矩阵对应位置，得到

$$K=\begin{bmatrix} k_{44}^{①}+k_{11}^{②} & k_{45}^{①}+k_{12}^{②} & k_{46}^{①}+k_{13}^{②} & k_{14}^{②} & k_{15}^{②} & k_{16}^{②} & 0 \\ k_{54}^{①}+k_{21}^{②} & k_{55}^{①}+k_{22}^{②} & k_{56}^{①}+k_{23}^{②} & k_{24}^{②} & k_{25}^{②} & k_{26}^{②} & 0 \\ k_{64}^{①}+k_{31}^{②} & k_{65}^{①}+k_{32}^{②} & k_{66}^{①}+k_{33}^{②} & k_{34}^{②} & k_{35}^{②} & k_{36}^{②} & 0 \\ k_{41}^{②} & k_{42}^{②} & k_{43}^{②} & k_{44}^{②}+k_{44}^{③} & k_{45}^{②}+k_{45}^{③} & k_{46}^{②} & k_{46}^{③} \\ k_{51}^{②} & k_{52}^{②} & k_{53}^{②} & k_{54}^{②}+k_{54}^{③} & k_{55}^{②}+k_{55}^{③} & k_{56}^{②} & k_{56}^{③} \\ k_{61}^{②} & k_{62}^{②} & k_{63}^{②} & k_{64}^{②} & k_{65}^{②} & k_{66}^{②} & 0 \\ 0 & 0 & 0 & k_{64}^{③} & k_{65}^{③} & 0 & k_{66}^{③} \end{bmatrix}$$

在实际计算时,采用的是"边定位、边累加"的方法,过程如下:

① 将 K 置零,这时 $K=O_{7×7}$;

② 将 $k^{①}$ 中的相关元素,"对号入座",累加到 K;

③ 将 $k^{②}$ 中的相关元素,继续"对号入座",累加到 K;

④ 将 $k^{②}$ 中的相关元素,继续"对号入座",累加到 K,整体刚度矩阵完成。

3.5 非节点载荷等效处理

为分析平面结构而建立的整体刚度方程,反映了结构的节点载荷与节点位移之间的关系。作用在结构上的载荷除了直接作用在节点上的载荷 P_d 之外,还有作用在杆件上的分布载荷、集中载荷等。这些非节点载荷应转换成等效节点载荷 P_e。将 P_d 与 P_e 叠加,可得综合节点载荷 P_c。综合节点载荷 P_c 亦称"总节点载荷",其下标 c 通常可略去不写,即

$$P=P_d+P_e \tag{3-25}$$

直接作用在节点上的载荷,可按其作用方位直接加入 P 之中,而等效节点载荷的计算步骤如下。

第一步:在局部坐标系下,求单元 e 的固端力 F_f^{e}。

$$F_f^{e}=\begin{bmatrix} F_{fi}^{e} \\ F_{fj}^{e} \end{bmatrix}=\begin{bmatrix} X_{fi} & Y_{fi} & M_{fi} \vdots X_{fj} & Y_{fj} & M_{fj} \end{bmatrix}^T \tag{3-26}$$

式中,子向量 F_{fi}^{e} 和 F_{fj}^{e} 分别为单元 e 在端点 i、j 的固端内力。几种非节点载荷作用下的单元固端力列于表 3-2。

表 3-2 两端固定梁的固端力

简图	剪力		弯矩	
	Q_{AB}	Q_{BA}	M_{AB}	M_{BA}
	$-\dfrac{qa}{2l^3}(2l^3-2la^2+a^3)$	$-\dfrac{qa^3}{2l^3}(2l-a)$	$-\dfrac{qa^2}{12l^2}(6l^2-8la+3a^2)$	$\dfrac{qa^3}{12l^2}(4l-3a)$

续表

简图	剪力		弯矩	
	Q_{AB}	Q_{BA}	M_{AB}	M_{BA}
	$-\dfrac{Pb^2}{l^3}(l+2a)$	$-\dfrac{Pa^2}{l^3}(l+2b)$	$-\dfrac{Pab^2}{l^2}$	$\dfrac{Pa^2b}{l^2}$
	$m\dfrac{6ab}{l^3}$	$-m\dfrac{6ab}{l^3}$	$m\dfrac{b(3a-l)}{l^2}$	$m\dfrac{a(3b-l)}{l^2}$

第二步：求单元 e 的等效节点载荷 $P_e^{(e)}$。

仿照局部坐标系与整体坐标系中单元杆端力的变换式

$$\boldsymbol{F}_e^{(e)} = \boldsymbol{T}^{(e)} \boldsymbol{F}^{(e)}$$

固端内力在两种坐标系下的变换形式，可以写成

$$\boldsymbol{F}_e^{(e)} = \boldsymbol{T}^{(e)} \boldsymbol{F}_f^{(e)}$$

有

$$\boldsymbol{F}_f^{(e)} = \boldsymbol{T}^{(e)} \boldsymbol{F}_f^{(e)} \tag{3-27}$$

因此，等效节点载荷列阵 $\boldsymbol{P}_e$ 可以由式（3-28）求出：

$$\boldsymbol{P}_e^{(e)} = -\boldsymbol{T}^{(e)\mathrm{T}} \boldsymbol{F}_f^{(e)} \tag{3-28}$$

将式（3-28）展开，得到

$$
\begin{bmatrix} P_{e1} \\ P_{e2} \\ P_{e3} \\ P_{e4} \\ P_{e5} \\ P_{e6} \end{bmatrix} =
\begin{bmatrix}
-X_{fi}\cos\alpha + Y_{fi}\sin\alpha \\
-X_{fi}\sin\alpha - Y_{fi}\cos\alpha \\
-M_{fi} \\
-X_{fj}\cos\alpha + Y_{fj}\sin\alpha \\
-X_{fj}\sin\alpha - Y_{fj}\cos\alpha \\
-M_{fj}
\end{bmatrix} \tag{3-29}
$$

当 $\alpha = 0$ 时，$\boldsymbol{P}_e^{(e)} = -\boldsymbol{F}_f^{(e)}$。

第三步：求整体结构的等效节点载荷 $\boldsymbol{P}_e$。

求得单元等效节点载荷 $\boldsymbol{P}_e^{(e)}$ 之后，利用单元节点位移分量编号，就可以将 $\boldsymbol{P}_e$ 中的各分量叠加到结构等效载荷列阵 $\boldsymbol{P}_e$ 中去。因为 $\boldsymbol{P}_e$ 中的各元素是按节点位移分量编号排列的，$\boldsymbol{P}_e^{(e)}$ 中的 6 个元素也与节点位移分量编号一一对应，所以也按对号入座方法，

将其逐一累加到 $\boldsymbol{P}_e$ 中相应的位置上去。当直接作用在节点上的载荷等于零（$\boldsymbol{P}_d=0$）时，由式(3-25) 可知 $\boldsymbol{P}=\boldsymbol{P}_e$。

3.6　算例分析与 ANSYS 应用

3.6.1　算例分析

【**例 3-2**】　如图 3-5 所示的三杆桁架系统，每根杆件的长度都等于 5m，三个节点的坐标位置如图 3-5 所示。已知 $EA=5\times10^6\mathrm{N}$，试计算该结构的整体刚度矩阵、各杆件的变形和内力。

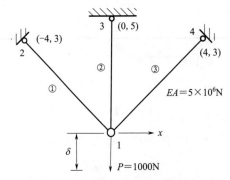

图 3-5　受集中力作用的三杆桁架

对每一根杆，利用它的坐标位置，用式(3-22) 计算出整体坐标系下的单元刚度矩阵。每个单元的刚度矩阵表示着该单元两端节点在整体坐标系中的刚度。由于三根杆件的长度相等，所以它们在局部坐标系下的单元刚度矩阵相同。

对于①号单元，两端节点号是 $1(0,0)$ 和 $2(-4,3)$，长度为 5，$\cos\theta=-4/5$，$\sin\theta=3/5$，在整体坐标系下的单元刚度矩阵为

$$k^{\textcircled{1}}=\frac{5\times10^6}{5\times25}\begin{bmatrix} 16 & -12 & -16 & 12 \\ -12 & 9 & 12 & -9 \\ -16 & 12 & 16 & -12 \\ 12 & -9 & -12 & 9 \end{bmatrix} \tag{3-30}$$

对于②号单元，两端节点号是 $1(0,0)$ 和 $3(0,5)$，长度为 5，$\cos\theta=0$，$\sin\theta=1$，在整体坐标系下的单元刚度矩阵为

$$k^{\textcircled{2}}=\frac{5\times10^6}{5}\begin{bmatrix} 0 & 0 & 0 & 0 \\ 0 & 1 & 0 & -1 \\ 0 & 0 & 0 & 0 \\ 0 & -1 & 0 & 1 \end{bmatrix} \tag{3-31}$$

对于③号单元，它的两端节点号是 $1(0,0)$ 和 $2(4,3)$，长度为 5，$\cos\theta = 4/5$，$\sin\theta = 3/5$，在整体坐标系下的单元刚度矩阵为

$$\boldsymbol{k}^{③} = \frac{5 \times 10^6}{5 \times 25} \begin{bmatrix} 16 & 12 & -16 & -12 \\ 12 & 9 & -12 & -9 \\ -16 & -12 & 16 & 12 \\ -12 & -9 & 12 & 9 \end{bmatrix} \tag{3-32}$$

这样就得到了各个单元的节点位移和节点力之间的关系，即

$$\boldsymbol{k}^{①} \begin{bmatrix} u_1 \\ v_1 \\ u_2 \\ v_2 \end{bmatrix} = \frac{5 \times 10^6}{5 \times 25} \begin{bmatrix} 16 & -12 & -16 & 12 \\ -12 & 9 & 12 & -9 \\ -16 & 12 & 16 & -12 \\ 12 & -9 & -12 & 9 \end{bmatrix} \begin{bmatrix} u_1 \\ v_1 \\ u_2 \\ v_2 \end{bmatrix} = \begin{bmatrix} P_{1x}^{①} \\ P_{1y}^{①} \\ P_{2x}^{①} \\ P_{2y}^{①} \end{bmatrix} \tag{3-33}$$

$$\boldsymbol{k}^{②} \begin{bmatrix} u_1 \\ v_1 \\ u_3 \\ v_3 \end{bmatrix} = \frac{5 \times 10^6}{5} \begin{bmatrix} 0 & 0 & 0 & 0 \\ 0 & 1 & 0 & -1 \\ 0 & 0 & 0 & 0 \\ 0 & -1 & 0 & 1 \end{bmatrix} \begin{bmatrix} u_1 \\ v_1 \\ u_3 \\ v_3 \end{bmatrix} = \begin{bmatrix} P_{1x}^{②} \\ P_{1y}^{②} \\ P_{3x}^{②} \\ P_{3y}^{②} \end{bmatrix} \tag{3-34}$$

$$\boldsymbol{k}^{③} \begin{bmatrix} u_1 \\ v_1 \\ u_4 \\ v_4 \end{bmatrix} = \frac{5 \times 10^6}{5 \times 25} \begin{bmatrix} 16 & 12 & -16 & -12 \\ 12 & 9 & -12 & -9 \\ -16 & -12 & 16 & 12 \\ -12 & -9 & 12 & 9 \end{bmatrix} \begin{bmatrix} u_1 \\ v_1 \\ u_4 \\ v_4 \end{bmatrix} = \begin{bmatrix} P_{1x}^{③} \\ P_{1y}^{③} \\ P_{4x}^{③} \\ P_{4y}^{③} \end{bmatrix} \tag{3-35}$$

这里 u_i、v_i($i=1,2,3,4$)是四个节点的水平位移和竖直位移分量，P_{ix}^{e}、P_{iy}^{e}（$e=1,2,3$)是各个单元的两端节点力。我们注意到，单元的节点力合成起来应该等于该节点上的合力。所以，它们加起来应该和外部的节点力平衡。虽然式(3-33)、式(3-34)、式(3-35)中的每个单元的节点力矢量都有 4 个分量，但它们属于不同的节点。这里的节点力相加必须使它所对应的节点编号一致，故需要将它们扩充为 8 个分量，分别对应于 4 个节点的 8 个位移分量。在扩充节点力向量的同时，也要将位移分量同时扩充，以保持它们之间的对应关系。比如将②号单元的式(3-34)扩充为总体刚度矩阵规模，即

$$
10^6 \times
\begin{bmatrix}
0 & 0 & 0 & 0 & 0 & 0 & 0 & 0 \\
0 & 1 & 0 & 0 & 0 & -1 & 0 & 0 \\
0 & 0 & 0 & 0 & 0 & 0 & 0 & 0 \\
0 & 0 & 0 & 0 & 0 & 0 & 0 & 0 \\
0 & 0 & 0 & 0 & 0 & 0 & 0 & 0 \\
0 & -1 & 0 & 0 & 0 & 1 & 0 & 0 \\
0 & 0 & 0 & 0 & 0 & 0 & 0 & 0 \\
0 & 0 & 0 & 0 & 0 & 0 & 0 & 0
\end{bmatrix}
\begin{bmatrix}
u_1 \\ v_1 \\ u_2 \\ v_2 \\ u_3 \\ v_3 \\ u_4 \\ v_4
\end{bmatrix}
=
\begin{bmatrix}
P_{1x}^{②} \\ P_{1y}^{②} \\ 0 \\ 0 \\ P_{3x}^{②} \\ P_{3y}^{②} \\ 0 \\ 0
\end{bmatrix}
\tag{3-36}
$$

将所有单元的刚度矩阵扩充为 8×8 的矩阵后，通过叠加可形成总体刚度矩阵。此时方程左侧的整体刚度矩阵元素分别叠加，方程右侧的单元节点力向量元素也分别叠加以形成总的节点力向量。这样就得到了反映节点位移与总节点力之间关系的线性代数方程组，即

$$
\frac{10^6}{25} \times
\begin{bmatrix}
16+16 & -12+12 & -16 & 12 & 0 & 0 & -16 & -12 \\
-12+12 & 9+25+9 & 12 & -9 & 0 & -25 & -12 & -9 \\
-16 & 12 & 16 & -12 & 0 & 0 & 0 & 0 \\
12 & -9 & -12 & 9 & 0 & 0 & 0 & 0 \\
0 & 0 & 0 & 0 & 0 & 0 & 0 & 0 \\
0 & -25 & 0 & 0 & 0 & 25 & 0 & 0 \\
-16 & -12 & 0 & 0 & 0 & 0 & 16 & 12 \\
-12 & -9 & 0 & 0 & 0 & 0 & 12 & 9
\end{bmatrix}
\begin{bmatrix}
u_1 \\ v_1 \\ u_2 \\ v_2 \\ u_3 \\ v_3 \\ u_4 \\ v_4
\end{bmatrix}
=
\begin{bmatrix}
P_{1x} \\ P_{1y} \\ P_{2x} \\ P_{2y} \\ P_{3x} \\ P_{3y} \\ P_{4x} \\ P_{4y}
\end{bmatrix}
$$

$$\text{(3-37)}$$

总体刚度矩阵的叠加过程，也是叠加形成所有单元上的节点力的过程。而载荷向量则是由许多个作用在各个节点上的力形成的，每个节点上的力需要表示成作用在该点上的力的两个分量。将所有节点的力的两个分量放在一起，形成的总节点力矢量形式：

$$
\begin{bmatrix} P_{1x} & P_{1y} & P_{2x} & P_{2y} & \cdots & P_{nx} & P_{ny} \end{bmatrix}^{\mathrm{T}}
$$

对于有 N 个节点的系统，共有 $2N$ 个节点力分量，分别对应着 $2N$ 个节点位移分量。在【例3-2】中，有一个集中力作用在 1 号节点的 Y 方向，所以节点力矢量中的分量 $P_{1y} = P = -1000$，其余节点力分量均为零。

当形成刚度矩阵后，还不能直接求解。这是因为如果一个结构没有指定足够多个位移约束，结构会发生刚体位移，而造成位移求解方程的解不唯一。在这种情况下，总体刚度矩阵的行列式值很小，甚至等于零。所以在求解之前，必须定义足够多个位移约束，比如平面杆系至少需要三个位移条件，来限制平面刚体的两个移动和一个转动这三个自由度。而空间的杆系则需要 5 个以上的位移约束才可以消除空间刚体的三个平动位移和两个转动位移自由度。位移约束就是位移受到约束的条件，一般施加在某些节点上，强迫某些位移为零，或者等于已知值。当位移等于 0 或已知值时，首先需要消去该

节点上的载荷。其次还需要处理总体刚度矩阵中的某些元素，以保证求解后这些节点的位移等于给定值。在【例3-2】的图3-5中，2、3、4号节点均被铰链固定，所以它们的6个位移分量都等于0。为了体现这个条件，我们将总体刚度矩阵中的要和这三个节点位移相乘的刚度系数，第3行到第8行和第3列到第八列上的对角线元素置为1，非对角线上的元素置为0。变为

$$\frac{10^6}{25}\begin{bmatrix} 32 & 0 & 0 & 0 & 0 & 0 & 0 & 0 \\ 0 & 43 & 0 & 0 & 0 & 0 & 0 & 0 \\ 0 & 0 & 1 & 0 & 0 & 0 & 0 & 0 \\ 0 & 0 & 0 & 1 & 0 & 0 & 0 & 0 \\ 0 & 0 & 0 & 0 & 1 & 0 & 0 & 0 \\ 0 & 0 & 0 & 0 & 0 & 1 & 0 & 0 \\ 0 & 0 & 0 & 0 & 0 & 0 & 1 & 0 \\ 0 & 0 & 0 & 0 & 0 & 0 & 0 & 1 \end{bmatrix}\begin{bmatrix} u_1 \\ v_1 \\ u_2 \\ v_2 \\ u_3 \\ v_3 \\ u_4 \\ v_4 \end{bmatrix}=\begin{bmatrix} 0 \\ -1000 \\ 0 \\ 0 \\ 0 \\ 0 \\ 0 \\ 0 \end{bmatrix} \tag{3-38}$$

这时看到，由后面6个方程可以解出，最后的6个位移分量全部等于0。

将所有节点载荷叠加形成整体节点力向量，对整体刚度矩阵和整体节点力向量处理完位移约束后，就可以求解方程了。由于整体刚度矩阵与未知的位移向量相乘，等于节点力总向量。所以，对前面的实例，由于被约束的节点的位移分量都已知为零，故相关的方程都可以略去。只剩下

$$\frac{10^6}{25}\times\begin{bmatrix} 32 & 0 \\ 0 & 43 \end{bmatrix}\begin{bmatrix} u_1 \\ v_1 \end{bmatrix}=\begin{bmatrix} 0 \\ -1000 \end{bmatrix} \tag{3-39}$$

求解该线性代数方程，可以解出节点位移 $u_1=0$，$v_1=-1/1720=-5.814\times10^{-4}$。

当计算出每个单元的两端节点位移 $[u_i,v_i,u_j,v_j]^T$ 后，就可以利用单元刚度矩阵式(3-17)和式(3-19)来计算单元两端的节点力和内力。在局部坐标系下，单元两端节点力的第一个分量就是杆件的轴力。根据式(3-19)，局部坐标系下的节点位移等于

$$\begin{cases} u_{ix}=u_i\cos\theta+v_i\sin\theta \\ u_{jx}=u_j\cos\theta+v_j\sin\theta \end{cases} \tag{3-40}$$

根据式(3-17)，杆件的轴力等于

$$U_j=\frac{EA}{l}(u_{jx}-u_{ix})=\frac{EA}{l}(u_j\cos\theta+v_j\sin\theta-u_i\cos\theta-v_i\sin\theta)$$

$$=\frac{EA}{l}[-\cos\theta,-\sin\theta,\cos\theta,\sin\theta][u_i,v_i,u_j,v_j]^T \tag{3-41}$$

式(3-41)最后的向量乘积形式在编程时使用更方便一些。手工计算时可以使用下面的步骤：

① 号单元两端的节点力：

$$
\begin{bmatrix} P^{①}_{1x} \\ P^{①}_{1y} \\ P^{①}_{2x} \\ P^{①}_{2y} \end{bmatrix} = \boldsymbol{k}^{①} \begin{bmatrix} u_1 \\ v_1 \\ u_2 \\ v_2 \end{bmatrix} = \frac{10^6}{25} \times \begin{bmatrix} 16 & -12 & -16 & 12 \\ -12 & 9 & 12 & -9 \\ -16 & 12 & 16 & -12 \\ 12 & -9 & -12 & 9 \end{bmatrix} \begin{bmatrix} 0 \\ -\dfrac{1}{1720} \\ 0 \\ 0 \end{bmatrix} = \begin{bmatrix} 279.07 \\ -209.30 \\ -279.07 \\ 209.30 \end{bmatrix}
$$

$$(3-42)$$

② 号单元两端的节点力：

$$
\begin{bmatrix} P^{②}_{1x} \\ P^{②}_{1y} \\ P^{②}_{3x} \\ P^{②}_{3y} \end{bmatrix} = \boldsymbol{k}^{②} \begin{bmatrix} u_1 \\ v_1 \\ u_3 \\ v_3 \end{bmatrix} = 10^6 \times \begin{bmatrix} 0 & 0 & 0 & 0 \\ 0 & 1 & 0 & -1 \\ 0 & 0 & 0 & 0 \\ 0 & -1 & 0 & 1 \end{bmatrix} \begin{bmatrix} 0 \\ -\dfrac{1}{1720} \\ 0 \\ 0 \end{bmatrix} = \begin{bmatrix} 0 \\ -581.40 \\ 0 \\ 581.40 \end{bmatrix}
$$

$$(3-43)$$

③ 号单元两端的节点力：

$$
\begin{bmatrix} P^{③}_{1x} \\ P^{③}_{1y} \\ P^{③}_{4x} \\ P^{③}_{4y} \end{bmatrix} = \boldsymbol{k}^{③} \begin{bmatrix} u_1 \\ v_1 \\ u_4 \\ v_4 \end{bmatrix} = \frac{10^6}{25} \times \begin{bmatrix} 16 & 12 & -16 & -12 \\ 12 & 9 & -12 & -9 \\ -16 & -12 & 16 & 12 \\ -12 & -9 & 12 & 9 \end{bmatrix} \begin{bmatrix} 0 \\ -\dfrac{1}{1720} \\ 0 \\ 0 \end{bmatrix} = \begin{bmatrix} -279.07 \\ -209.30 \\ 279.07 \\ 209.30 \end{bmatrix}
$$

$$(3-44)$$

这些节点力是在整体坐标系下的分量，对于支座反力的计算可以直接相加。比如，从①号单元的节点力可以看出，②号节点位移的支座反力的水平分量和竖直分量分别等于：279.07N（向左），209N（向上）。

经过合成，各个杆的轴力分别等于：

$$N_1 = \sqrt{279.07^2 + 209.30^2}\ \text{N} = 348.84\text{N}, N_2 = 581.40\text{N}, N_3 = 348.84\text{N}$$

3.6.2 ANSYS 分析对比

本小节以 ANSYS 17.0 版为例，分别用界面交互方式和命令行方式对上一小节的算例进行分析和计算，初步了解软件操作和应用。软件的详细应用见第 7 章。ANSYS 分析大致步骤如下：

（1）创建几何模型

用交互式方式启动 ANSYS：选择"开始" > "程序" > "ANSYS 17.0" > "Mechanical APDL 17.0"即可启动，或者选择"开始" > "程序" > "ANSYS 17.0" > "Mechanical APDL Product Launcher 17.0"进入运行环境设置，如图 3-6 所示，设置完成之后单击"Run"按钮，也可以启动 ANSYS。

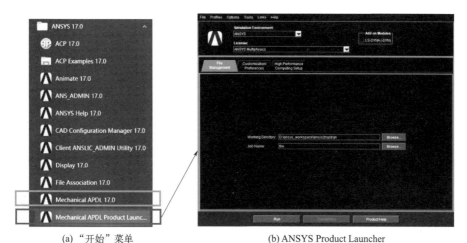

(a) "开始"菜单　　　　　　(b) ANSYS Product Launcher

图 3-6　启动 ANSYS

ANSYS 启动后的界面如图 3-7 所示。ANSYS 界面的功能和使用详见第 7 章。

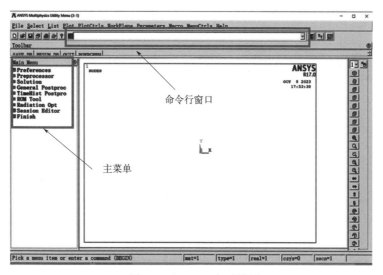

图 3-7　ANSYS 交互界面

a) 创建关键点

用交互方式创建关键点：选择"Main menu">"Preprocessor">"Modeling">"Create">"Keypoint"可创建关键点，如图 3-8 所示。

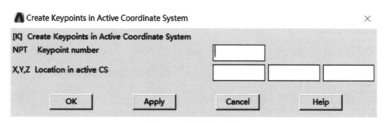

图 3-8　创建关键点

根据【例 3-2】所给的条件，4 个关键点的编号和坐标为：1 号关键点（0，0，0），2 号关键点（-4，3，0），3 号关键点（0，5，0），4 号关键点（4，3，0）。

同样可以采用命令行的方式创建关键点，可以在命令行窗口中依次输入以下语句：

```
K,1,0,0,0,
K,2,-4,3,0,
K,3,0,5,0,
K,4,4,3,0,
```

关键点创建完成后，如图 3-9 所示。

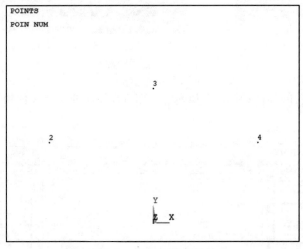

图 3-9　关键点创建完成

b）创建线

用交互方式创建线：选择"Main menu"＞"Preprocessor"＞"Modeling"＞"Create"＞"Lines"＞"Straight Line"可创建线。

通过选择界面依次连接 1 号和 2 号关键点，1 号和 3 号关键点，1 号和 4 号关键点，创建 3 根杆件。

采用命令行的方式创建线，可以在命令行窗口中依次输入以下语句：

```
LSTR,1,2
LSTR,1,3
LSTR,1,4
```

3 根杆件创建完成后，如图 3-10 所示。

c）创建梁截面几何尺寸

用交互方式创建梁截面几何尺寸：选择"Main menu"＞"Preprocessor"＞"Sections"＞"Beam"＞"Common Section"可创建梁截面几何尺寸。

通过交互界面操作打开梁截面设置界面，如图 3-11 所示。假设梁的截面为正方形，正方形的边长为 5mm。

采用命令行的方式创建梁截面几何尺寸，可以在命令行窗口中依次输入以下语句：

```
SECTYPE,1,BEAM,RECT,,0
SECOFFSET,CENT
SECDATA,5,5,0,0,0,0,0,0,0,0,0,0
```

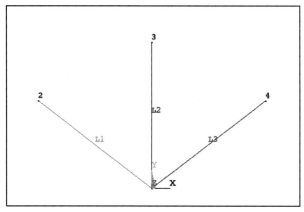

图 3-10　创建线

（2）创建材料

采用界面交互方式创建材料：依次点击路径"Main menu"＞"Preprocessor"＞"Material Props"＞"Material Models"，在弹出的材料行为定义窗口中，依次点击"Structural"＞"Linear"＞"Elastic"＞"Isotropic"，在弹出的如图 3-12 所示的窗口中输入材料的弹性模量和泊松比。

采用命令行的方式创建材料，可以在命令行窗口中依次输入以下语句：

```
MPTEMP,,,,,,,,
MPTEMP,1,0
MPDATA,EX,1,,2E5
MPDATA,PRXY,1,,0.3
```

（3）选择单元

采用界面交互方式选择单元类型：依次点击路径"Main menu"＞"Preprocessor"＞"Element Type"＞"Add/Edit/Delete"，交互界面如图 3-13 所示，这里选择"BEAM188"，该单元是 2 节点的线性梁单元。

采用命令行的方式选择单元类型，可以在命令行窗口中依次输入以下语句：

```
ET,1,BEAM188
```

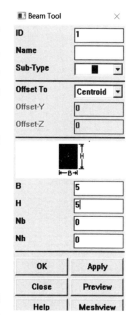

图 3-11　截面尺寸设置

（4）划分网格

采用界面交互方式划分网格：依次点击路径"Main menu"＞"Preprocessor"＞"Meshing"＞"MeshTool"，弹出单元尺寸设置对话框并设置单元的尺寸，如图 3-14 所示。

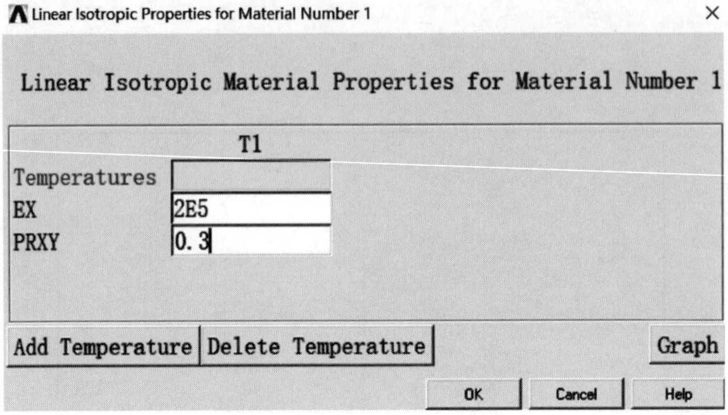

图 3-12 创建材料属性

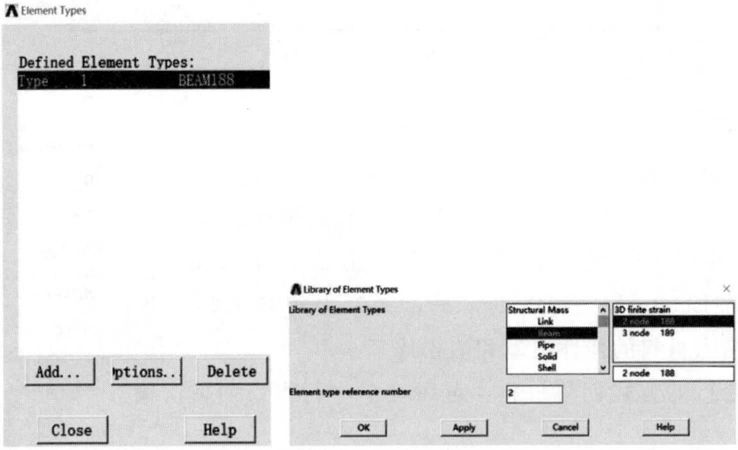

图 3-13 创建单元类型

图 3-14 设置单元尺寸

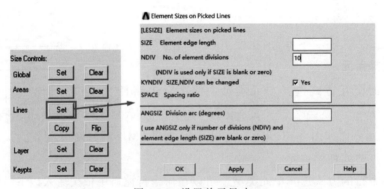

点击网格划分按钮，软件会根据设置的单元尺寸自动完成网格划分，单元划分效果如图 3-15 所示。

采用命令行的方式划分网络，可以在命令行窗口中依次输入以下语句：

```
LESIZE,1,,,10,,,,1
```

```
LESIZE,2,,,10,,,,,1
LESIZE,3,,,10,,,,,1
LMESH,ALL
```

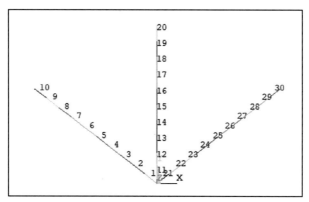

图 3-15 完成网格划分的模型

（5）创建约束与载荷

根据【例 3-2】所给的条件，在 2、3、4 号关键点处，分别施加固定约束，在 1 号关键点处施加 1000N 的竖直向下的力。

采用界面交互方式设置位移约束：依次点击路径"Main menu"＞"Preprocessor"＞"Loads"＞"Define Loads"＞"Apply"＞"Structural"＞"Displacement"＞"On keypoints"，在弹出的选择对话框中，依次点击 2、3、4 号关键点，设置位移约束 UX＝0，UY＝0，UZ＝0，如图 3-16 所示。

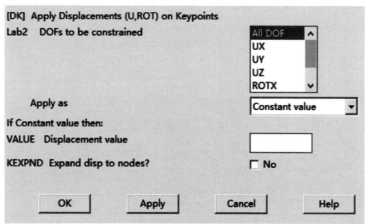

图 3-16 设置位移约束

采用界面交互方式设置载荷：依次点击路径"Main menu"＞"Preprocessor"＞"Loads"＞"Define Loads"＞"Apply"＞"Structural"＞"Force/M"＞"On keypoints"，在弹出的选择对话框中，点击 1 号关键点设置载荷，如图 3-17 所示。

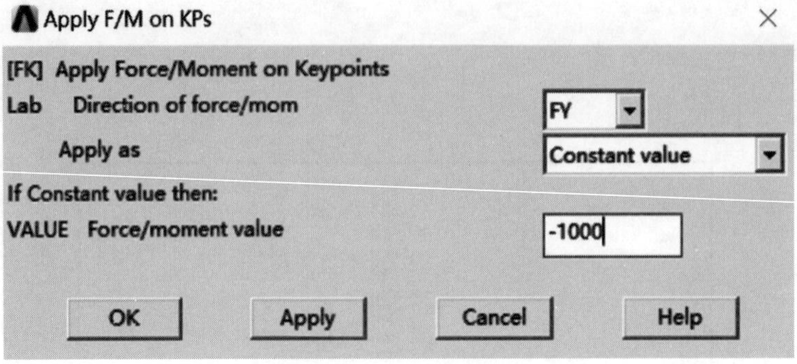

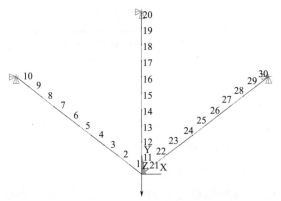

图 3-17   设置载荷

完成位移约束和载荷设置的模型如图 3-18 所示。

图 3-18   完成位移约束和载荷设置的模型

采用命令行的方式创建约束与载荷，可以在命令行窗口中依次输入以下语句：

```
DK,2,,,,0,UX,UY,UZ,,,,
DK,3,,,,0,UX,UY,UZ,,,,
DK,4,,,,0,UX,UY,UZ,,,,
FK,1,FY,-1000
```

（6）求解

采用界面交互方式进行计算求解设置：依次点击路径"Main menu"＞"Solution"＞"Analysis Type"＞"New Analysis"，选择"static"，再点击"Main menu"＞"Solution"＞"Solve"＞"Current LS"，点击"OK"并开始计算。

计算完成后，弹出对话框如图 3-19 所示。

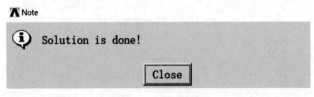

图 3-19   计算完成

（7）查看结果

采用界面交互方式进行后处理设置，依次点击路径"Main menu"＞"General Postproc"＞"Plot Results"＞"Contour Plot"＞"Nodal Solu"，弹出的后处理界面如图 3-20 所示，显示结果如图 3-21 所示。ANSYS 的计算结果与前一节计算的结果完全一致。

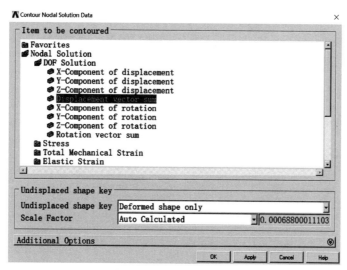

图 3-20　结果后处理界面

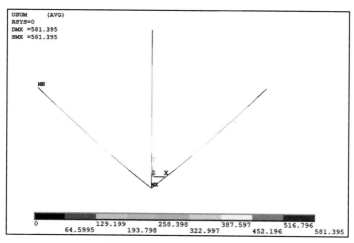

图 3-21　节点位移计算结果

 习题

3-1　推导横截面积为 A 的一维桁架结构的单元刚度矩阵。

3-2　求图 3-22 所示刚架的整体刚度矩阵 $\boldsymbol{K}$。设各杆截面尺寸相同。I、A、E 已知。

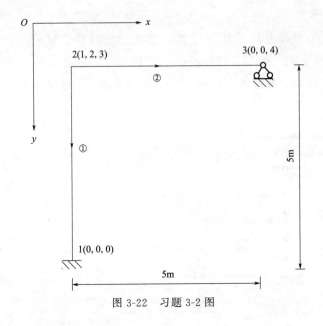

图 3-22　习题 3-2 图

3-3　求图 3-23 所示刚架的等效节点载荷和综合节点载荷。

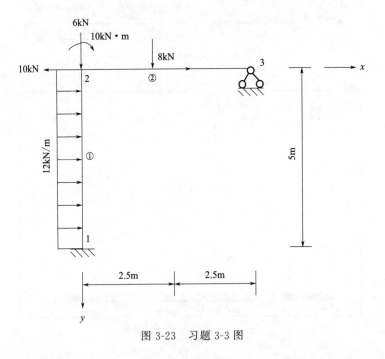

图 3-23　习题 3-3 图

3-4　图示（见图 3-24）为一平面超静定桁架结构，在载荷 P 作用下，求各杆件的轴力。此结构可看成由 14、24、34 三个杆单元组成，每个杆单元的两端为杆单元的节点，各节点的水平、竖直位移分别用 u、v 表示。

3-5　图示（见图 3-25）刚架中，两杆为尺寸相同的等截面杆件，横截面面积为 $A=0.5\text{m}^2$，截面惯性矩为 $I=1/24\text{m}^4$，弹性模量 $E=3\times10^7\text{kPa}$，求解此结构。

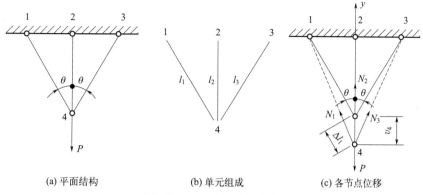

(a) 平面结构　　　　　(b) 单元组成　　　　　(c) 各节点位移

图 3-24　平面超静定桁架结构

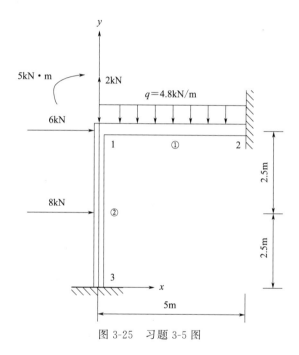

图 3-25　习题 3-5 图

4 平面问题及三角形单元

教学目标

本章以弹性力学平面问题为对象，以最简单的 3 节点三角形常应变单元为例，详细介绍和讨论有限元法的基本原理和过程，并引述出有限元法的一般表达格式。原则上讲，这些表达格式也适用于其他类型的单元。所以，本章内容对学习有限元法的基本原理及后续各章内容都是非常有用的。

重点和难点

有限元法的基本原理和过程

单元形函数的概念及性质

位移函数收敛准则及选择原则

刚度矩阵的性质

4.1 引言

弹性力学问题的有限元法是把弹性体假想分割为有限个单元，称为离散化。离散单元仅在其顶角处互相连接，连接点称为节点。但是这种连接必须满足变形协调条件，既不能出现裂缝，也不允许发生重叠。显然，单元之间只能通过节点传递内力，通过节点传递的内力称为节点力。作用在节点上的载荷称为节点载荷，对于非节点载荷，则应按照能量等效的原则移置到节点上，称为等效节点载荷。

当弹性体受到外力作用发生形变时，组成它的各个单元也将发生变形，因而各个节点将产生不同程度的位移，这种位移称为节点位移。

对于平面问题，最简单，因而也是最常用的单元是三角形单元。三角形单元在节点处取为铰接，在节点位移或它的某一分量可以不计之处，可在相应位置上安置一个无移动的铰支座或链杆支座。这种单元由于对复杂边界有较强的适应能力，因此很容易将一个二维域离散成有限个三角形单元，如图 4-1 所示。在边界以若干段直线近似原来的曲线边界，随着单元增多，这种拟合将越趋精确。本节只介绍平面问题 3 节点三角形单元。

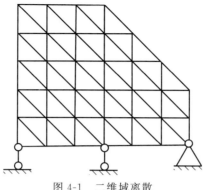

图 4-1 二维域离散

4.2 3节点三角形单元

4.2.1 位移模式与形函数

图 4-2 所示为简单三角形单元。单元 3 个节点 i、j、m 的坐标已知，分别为 $(x_i、y_i)$、$(x_j，y_j)$ 和 $(x_m，y_m)$，节点编码依逆时针方向进行，已知节点位移分别为 $(u_i，v_i)$、$(u_j，v_j)$ 和 $(u_m，v_m)$，每个节点有两个自由度，单元的节点位移向量为：

$$\boldsymbol{\delta}^{e} = \begin{bmatrix} u_i & v_i & u_j & v_j & u_m & v_m \end{bmatrix}^{\mathrm{T}} \tag{4-1}$$

要应用几何方程求解应变量，就必须确定单元任意一点的位移函数，该函数应是坐标的函数，由于该三角形单元 3 个节点坐标已经假定为已知量，因此，单元内任意一点的位移都是坐标的函数，函数的具体形式则由 3 个节点的位移值确定。任意一点的位移可能是坐标的简单函数，也可能是很复杂的函数，但只要相对研究对象单元足够小，则位移函数总可以近似为线性的，也便于计算。二维问题构造多项式位移模式时，可以利用杨辉三角形加以分析。将完全三次多项式各项按递升次序排列在一个三角形中，就得到图 4-3 所示的杨辉三角形。

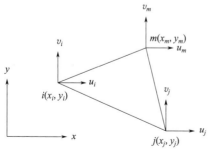

图 4-2 3节点三角形单元

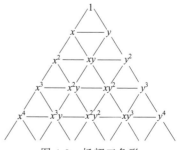

图 4-3 杨辉三角形

选择的原则是：使多项式具有对称性以保证多项式的几何各向同性，尽可能保留低次项以获得较好的近似性。作为平面问题，每个节点具有两个自由度，简单三角形单元有 3 个节点共 6 个自由度，构造单元位移模式时可确定 6 个待定参数。故单元中任意一点 $k(x,y)$ 的位移模式取为：

$$\begin{cases} u=u(x,y)=a_1+a_2x+a_3y \\ v=v(x,y)=a_4+a_5x+a_6y \end{cases} \tag{4-2}$$

式中，$a_1,a_2,\cdots,a_6$ 为待定参数，称为广义坐标。应求出用节点位移表示这 6 个广义坐标的表达式，将式(4-2) 写成矩阵形式：

$$\boldsymbol{u}=\begin{bmatrix} u \\ v \end{bmatrix}=\begin{bmatrix} 1 & x & y & 0 & 0 & 0 \\ 0 & 0 & 0 & 1 & x & y \end{bmatrix}\begin{bmatrix} a_1 \\ a_2 \\ a_3 \\ a_4 \\ a_5 \\ a_6 \end{bmatrix} \tag{4-3}$$

将式(4-3) 展开后为：

$$\begin{cases} u_i=a_1+a_2x_i+a_3y_i, v_i=a_4+a_5x_i+a_6y_i \\ u_j=a_1+a_2x_j+a_3y_j, v_j=a_4+a_5x_j+a_6y_j \\ u_m=a_1+a_2x_m+a_3y_m, v_m=a_4+a_5x_m+a_6y_m \end{cases} \tag{4-4}$$

用克拉默法则，求解方程式(4-4)，得到用节点位移表示 $a_1,a_2,\cdots,a_6$ 共 6 个待定常数为：

$$\begin{bmatrix} a_1 \\ a_2 \\ a_3 \end{bmatrix}=\frac{1}{2\Delta}\begin{bmatrix} a_i & a_j & a_m \\ b_i & b_j & b_m \\ c_i & c_j & c_m \end{bmatrix}\begin{bmatrix} u_i \\ u_j \\ u_m \end{bmatrix}, \begin{bmatrix} a_4 \\ a_5 \\ a_6 \end{bmatrix}=\frac{1}{2\Delta}\begin{bmatrix} a_i & a_j & a_m \\ b_i & b_j & b_m \\ c_i & c_j & c_m \end{bmatrix}\begin{bmatrix} v_i \\ v_j \\ v_m \end{bmatrix} \tag{4-5}$$

式中，Δ 为三角形单元的面积，有：

$$\Delta=\frac{1}{2}\begin{vmatrix} 1 & x_i & y_i \\ 1 & x_j & y_j \\ 1 & x_m & y_m \end{vmatrix} \tag{4-6}$$

$$\begin{cases} a_i=x_jy_m-x_my_j \\ b_i=y_j-y_m \qquad (i=i,j,m) \\ c_i=-x_j+x_m \end{cases} \tag{4-7}$$

注意：①三角形面积行列式计算中，为了避免出现面积为负值，i、j、m 排列顺序应与坐标轴 x 正向到坐标轴 y 的正向的旋转方向一致，采用行列式计算形式是为了编程方便。

②式(4-7) 中 $(i=i, j, m)$ 表示脚标按 i、j、m 顺序轮换。将式(4-5) 代入式(4-2)，经矩阵相乘运算后整理得到位移插值函数形式的位移模式：

$$\begin{cases} u = N_i(x,y)u_i + N_j(x,y)u_j + N_m(x,y)u_m \\ v = N_i(x,y)v_i + N_j(x,y)v_j + N_m(x,y)v_m \end{cases} \tag{4-8}$$

即

$$\boldsymbol{u} = \begin{bmatrix} u \\ v \end{bmatrix} = \begin{bmatrix} N_i & 0 & N_j & 0 & N_m & 0 \\ 0 & N_i & 0 & N_j & 0 & N_m \end{bmatrix} \begin{bmatrix} u_i \\ v_i \\ u_j \\ v_j \\ u_m \\ v_m \end{bmatrix} = \boldsymbol{N}\boldsymbol{\delta}^{e} \tag{4-9}$$

式(4-8) 中

$$N_i = \frac{1}{2\Delta}(a_i + b_i x + c_i y) \quad (i = i, j, m) \tag{4-10}$$

N_i 为插值基函数，反映单元的位移变化形态，所以称为位移形态函数，简称形函数。单元内任一点的 3 个形函数之和恒等于 1，即 $N_i + N_j + N_m = 1$。形函数这个性质很容易被证明。

由式(4-6) 和式(4-7) 可得：

$$a_i + a_j + a_m = 2\Delta \, ; b_i + b_j + b_m = 0 \, ; c_i + c_j + c_m = 0$$

把它们代入下式：

$$N_i + N_j + N_m = \frac{1}{2\Delta}\left[(a_i + a_j + a_m) + (b_i + b_j + b_m)x + (c_i + c_j + c_m)y\right]$$

即得：

$$N_i + N_j + N_m = 1 \tag{4-11}$$

$$\begin{cases} \text{在节点 } i: \quad N_i = 1, N_j = 0, N_m = 0 \\ \text{在节点 } j: \quad N_i = 0, N_j = 1, N_m = 0 \\ \text{在节点 } m: \quad N_i = 0, N_j = 0, N_m = 1 \end{cases} \tag{4-12}$$

这一性质可以这样得到：将式(4-6) 和式(4-7) 代入式(4-10)，得：

$$N_i = \frac{(x_j y_m - x_m y_j) + (y_j - y_m)x + (x_m - x_j)y}{x_j y_m + x_m y_i + x_i y_j - x_m y_j - x_i y_m - x_j y_i} \quad (i = i, j, m)$$

再将节点 i、j、m 的坐标值 (x_i, y_i)、(x_j, y_j) 和 (x_m, y_m) 分别代入上式，就可得出式(4-12) 的结论。这个性质表明，形函数 N_i 在节点 i 的值为 1，在节点 j、m 的值为零；N_j 和 N_m 类似，因为形函数都是坐标 x、y 的线性函数，所以，它的几何图形是平面，如图 4-4 所示各分图中有阴影线的三角形分别表示 N_i、N_j、N_m 的几何形态。

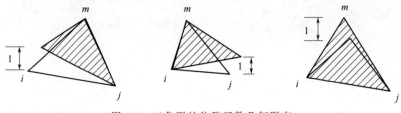

图 4-4   三角形的位移函数几何形态

4.2.2   位移函数的收敛条件

由于假定的位移模式是近似的，而单元刚度矩阵的推导以位移模式为基础进行，因此，在有限元分析中，当单元划分得越来越小时，其解答是否能收敛于精确解，显然与所选择的位移模式关系极大。根据弹性力学原理，位移函数应满足下列收敛性条件：

① 位移模式必须包含单元的常应变状态。每个单元的应变一般包括两部分，变量应变与常量应变，常量应变就是与坐标位置无关，在单元内任意一点均相同的应变。当单元尺寸逐步变小时，单元中各点的应变趋于相等，这时常量应变成为主要成分，因此，位移模式应能反映这种常应变状态。

现在来分析简单三角形单元位移模式式(4-2)是否满足这一条件。将式(4-2)代入几何方程得：

$$\begin{cases} \varepsilon_x = \dfrac{\partial u}{\partial x} = \dfrac{\partial}{\partial x}(a_1 + a_2 x + a_3 y) = a_2 \\[2mm] \varepsilon_y = \dfrac{\partial v}{\partial y} = \dfrac{\partial}{\partial y}(a + a_5 x + a_6 y) = a_6 \\[2mm] \gamma_{xy} = \dfrac{\partial u}{\partial y} + \dfrac{\partial v}{\partial x} = \dfrac{\partial}{\partial y}(a_1 + a_2 x + a_3 y) + \dfrac{\partial}{\partial x}(a_4 + a_5 x + a_6 y) = a_3 + a_5 \end{cases} \quad (4\text{-}13)$$

因为 a_2、a_3、a_5、a_6 都是常量，所以，3 个应变分量也是常量，故满足此条件。

② 位移模式必须包含单元的刚体位移。每个单元的位移一般包含由本单元变形引起的位移和由其他单元变形引起的位移两部分，后者属于单元的刚体位移。在结构的某些部位，单元的位移甚至主要是由其他单元变形引起的刚体位移。如图 4-5 所示，当悬臂梁弯曲时，自由端处的单元本身变形很小，而由其他单元变形引起的刚体位移成为主要的位移。因此，位移模式应当反映单元的刚体位移。

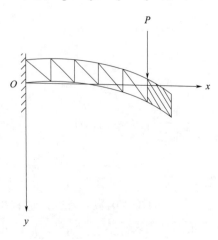

图 4-5   弯曲悬臂梁

单元刚体位移是指当应变分量 ε_x、ε_y、γ_{xy} 为零时的位移，将简单三角形单元位移模式式(4-2) 改写为：

$$
\begin{cases}
u = a_1 + a_2 x - \dfrac{a_5 - a_3}{2} y + \dfrac{a_5 + a_3}{2} y \\[3mm]
v = a_4 + a_6 y + \dfrac{a_5 - a_3}{2} x + \dfrac{a_5 + a_3}{2} x
\end{cases}
\tag{4-14}
$$

当 $\varepsilon_x = \varepsilon_y = \gamma_{xy} = 0$ 时，由式(4-13) 有 $a_2 = a_6 = a_3 + a_5 = 0$，由式(4-14) 得到

$$
\begin{cases}
u = a_1 - \dfrac{a_5 - a_3}{2} y \\[3mm]
v = a_4 + \dfrac{a_5 - a_3}{2} x
\end{cases}
\tag{4-15}
$$

上式为刚体位移表达式，说明线性位移模式反映了刚体位移。

③ 位移模式应尽可能反映位移的连续性。为了保证弹性体受力变形后仍是连续体，要求所选择的位移模式既能使单元内部的位移保持连续，又能使相邻单元之间的位移保持连续。后者是指单元之间不出现开裂和互相侵入的现象，如图 4-6 所示。

(a) 单元开裂

(b) 单元侵入

图 4-6　单元开裂与相互侵入现象

简单三角形单元的位移模式式(4-2) 是多项式，是单值连续函数，可以保证单元内部位移的连续性。关于相邻单元之间位移的连续性，这里只要求公共的边界具有相同的位移。如图 4-7 所示。

由于 i、j 节点是公共节点，而位移模式是线性函数，则变形后边界仍然是连接节点 i 和 j 的一根直线，不会出现图 4-6 中的现象，相邻单元之间可保证位移的连续。这里对于连续性提出的要求仅涉及位移模式本身，不涉及其导数。经过上面分析，简单三角形单元选取线性位移模式能够满足 3 个收敛性条件。

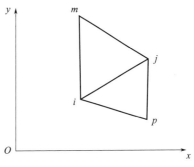

图 4-7　连续性单元

4.3　应变矩阵、应力矩阵和单元刚度矩阵

单元刚度矩阵表达了单元节点位移与节点力之间的转换关系，描述它需要依次应用几何条件、物理条件与平衡条件（虚功方程），达到用单元节点位移表达单元应变、单元应力，以及表达单元节点力的目的，所得到的单元节点位移与单位节点力的关系式称为单元刚度方程，方程中的转换矩阵即单元刚度矩阵。

4.3.1 单元应变、应变矩阵

将位移模式式(4-9) 代入几何方程，有：

$$
\boldsymbol{\varepsilon} = \begin{bmatrix} \varepsilon_x \\ \varepsilon_y \\ \gamma_{xy} \end{bmatrix} = \begin{bmatrix} \dfrac{\partial}{\partial x} & 0 \\ 0 & \dfrac{\partial}{\partial y} \\ \dfrac{\partial}{\partial y} & \dfrac{\partial}{\partial x} \end{bmatrix} \begin{bmatrix} \boldsymbol{u} \\ \boldsymbol{v} \end{bmatrix}
$$

$$
= \begin{bmatrix} \dfrac{\partial N_i}{\partial x} & 0 & \dfrac{\partial N_j}{\partial x} & 0 & \dfrac{\partial N_m}{\partial x} & 0 \\ 0 & \dfrac{\partial N_i}{\partial y} & 0 & \dfrac{\partial N_j}{\partial y} & 0 & \dfrac{\partial N_m}{\partial y} \\ \dfrac{\partial N_i}{\partial y} & \dfrac{\partial N_i}{\partial x} & \dfrac{\partial N_j}{\partial y} & \dfrac{\partial N_j}{\partial x} & \dfrac{\partial N_m}{\partial y} & \dfrac{\partial N_m}{\partial x} \end{bmatrix} \begin{bmatrix} u_i \\ v_i \\ u_j \\ v_j \\ u_m \\ v_m \end{bmatrix} \tag{4-16}
$$

$$
= \frac{1}{2\Delta} \begin{bmatrix} b_i & 0 & b_j & 0 & b_m & 0 \\ 0 & c_i & 0 & c_j & 0 & c_m \\ c_i & b_i & c_j & b_j & c_m & b_m \end{bmatrix} \boldsymbol{\delta}^{\textcircled{e}}
$$

即
$$
\boldsymbol{\varepsilon} = \boldsymbol{B}\boldsymbol{\delta}^{\textcircled{e}} \tag{4-17}
$$

式中，$\boldsymbol{B}$ 为单元应变矩阵。显然，由于简单三角形单元取线性位移模式，其单元应变矩阵 $\boldsymbol{B}$ 为常数矩阵，即在这样的位移模式下，三角形单元内的应变为某一常量，因此，这种单元被称为平面问题的常应变单元。

4.3.2 应力矩阵

将式(4-17)代入物理方程得：

$$
\boldsymbol{\sigma} = \boldsymbol{D}\boldsymbol{\varepsilon} = \boldsymbol{D}\boldsymbol{B}\boldsymbol{\delta}^{\textcircled{e}} = \boldsymbol{S}\boldsymbol{\delta}^{\textcircled{e}} \tag{4-18}
$$

式中，$\boldsymbol{D}$ 为弹性矩阵；$\boldsymbol{S}$ 为应力矩阵。

对于平面应力问题，有：

$$
\boldsymbol{S}_i = \frac{E}{2(1-\mu^2)\Delta} \begin{bmatrix} b_i & \mu c_i \\ \mu b_i & c_i \\ \dfrac{1-\mu}{2}c_i & \dfrac{1-\mu}{2}b_i \end{bmatrix} \quad (i = i, j, m) \tag{4-19}
$$

将式(4-19)中的弹性常数 E、μ 换成：

$$
\frac{E}{1-\mu^2}, \frac{1-\mu}{\mu}
$$

就是平面应变问题的应力矩阵。

显然，这里的应力矩阵也是常数矩阵，单元应力也是常量。由于相邻单元一般具有不同的应力，在单元的公共边上会有应力突变，但是，随着单元的逐步变小，这种突变会急剧降低，不会妨碍有限元法的解答收敛于精确解。

4.3.3　单元刚度矩阵

由于有限元法分析中只采用节点载荷，对单元而言，其外力只有节点力 $\boldsymbol{F}^{e}$，给单元一个虚位移，相应的节点虚位移为 $\boldsymbol{\delta}^{*e}$，虚应变为 $\boldsymbol{\varepsilon}^{*}$。由虚位移原理的一般表达式式（2-20）可得出所有外力在单元上所做的虚功为：

$$\boldsymbol{\delta}^{*\mathrm{T}}\boldsymbol{F} = \boldsymbol{\delta}^{*e\mathrm{T}}\boldsymbol{F}^{e} + \int_{V^{e}}\boldsymbol{u}^{*\mathrm{T}}\boldsymbol{W}\mathrm{d}V + \int_{S^{e}}\boldsymbol{u}^{*\mathrm{T}}\boldsymbol{P}\mathrm{d}S \tag{4-20}$$

根据虚位移原理，外力在单元上所做的虚功与在单元内引起的虚应变能相等，即：

$$\boldsymbol{\delta}^{*e\mathrm{T}}\boldsymbol{F}^{e} + \int_{V^{e}}\boldsymbol{u}^{*\mathrm{T}}\boldsymbol{W}\mathrm{d}V + \int_{S^{e}}\boldsymbol{u}^{*\mathrm{T}}\boldsymbol{P}\mathrm{d}S = \int_{V^{e}}\boldsymbol{\varepsilon}^{*\mathrm{T}}\boldsymbol{\sigma}\,\mathrm{d}V \tag{4-21}$$

式（4-20）和式（4-21）中，$\boldsymbol{W}$ 为三角形单元体积力，$\boldsymbol{P}$ 为三角形单元表面力（单位面积上的表面力，假定作用在 S 侧边上），$\boldsymbol{u}^{*}$ 为单元内虚位移，$\boldsymbol{\varepsilon}^{*}$ 为单元内虚应变，且有 $\boldsymbol{u}^{*} = \boldsymbol{N}\boldsymbol{\delta}^{*e}$，$\boldsymbol{\varepsilon}^{*} = \boldsymbol{B}\boldsymbol{\delta}^{*e}$。

将式（4-18）代入式（4-21），得到：

$$\boldsymbol{\delta}^{*e\mathrm{T}}\boldsymbol{F}^{e} = \boldsymbol{\delta}^{*e\mathrm{T}}\left(\int_{V^{e}}\boldsymbol{B}^{\mathrm{T}}\boldsymbol{D}\boldsymbol{B}\,\mathrm{d}V\boldsymbol{\delta}^{e} - \int_{V^{e}}\boldsymbol{N}^{\mathrm{T}}\boldsymbol{W}\mathrm{d}V - \int_{S^{e}}\boldsymbol{N}^{\mathrm{T}}\boldsymbol{P}\mathrm{d}S\right) \tag{4-22}$$

由于虚位移 $\boldsymbol{\delta}^{*e\mathrm{T}}$ 为任意的，因此，式（4-22）中等号两边与之相乘的矩阵应相等，于是得到：

$$\boldsymbol{F}^{e} = \boldsymbol{k}^{e}\boldsymbol{\delta}^{e} + \boldsymbol{F}_{w}^{e} + \boldsymbol{F}_{p}^{e} \tag{4-23}$$

其中：

$$\boldsymbol{k}^{e} = \int_{V^{e}}\boldsymbol{B}^{\mathrm{T}}\boldsymbol{D}\boldsymbol{B}\,\mathrm{d}V\,;\,\boldsymbol{F}_{w}^{e} = -\int_{V^{e}}\boldsymbol{N}^{\mathrm{T}}\boldsymbol{W}\mathrm{d}V\,;\,\boldsymbol{F}_{p}^{e} = -\int_{S^{e}}\boldsymbol{N}^{\mathrm{T}}\boldsymbol{P}\mathrm{d}S$$

式中　$\boldsymbol{k}^{e}$——单元刚度矩阵；

　　$\boldsymbol{F}_{w}^{e}$——体积力引起的节点力；

　　$\boldsymbol{F}_{p}^{e}$——表面力引起的节点力。

由于现在讨论的是常应变平面三角形单元，单元刚度矩阵积分项都是常量，因此，可以提到积分号外，假定单元厚度为 t，单元的体积积分实际上就是单元厚度 t 乘以单元面积 Δ，于是式（4-23）变为：

$$\boldsymbol{F}^{e} = \boldsymbol{k}^{e}\boldsymbol{\delta}^{e} \tag{4-24}$$

称为单元刚度方程，其中：

$$\boldsymbol{k}^{e} = \iint_{\Delta}\boldsymbol{B}^{\mathrm{T}}\boldsymbol{D}\boldsymbol{B}t\,\mathrm{d}x\,\mathrm{d}y \tag{4-25}$$

称为单元刚度矩阵。对于 3 节点三角形单元，位移模式取为线性位移模式，此式成为：

$$\boldsymbol{k}^{e} = \boldsymbol{B}^{\mathrm{T}}\boldsymbol{D}\boldsymbol{B}t\Delta = \boldsymbol{B}^{\mathrm{T}}\boldsymbol{S}t\Delta \tag{4-26}$$

依节点写成分块形式：

$$k^{\textcircled{e}} = t\Delta \begin{bmatrix} \boldsymbol{B}_i^{\mathrm{T}}\boldsymbol{S}_i & \boldsymbol{B}_i^{\mathrm{T}}\boldsymbol{S}_j & \boldsymbol{B}_i^{\mathrm{T}}\boldsymbol{S}_m \\ \boldsymbol{B}_j^{\mathrm{T}}\boldsymbol{S}_i & \boldsymbol{B}_j^{\mathrm{T}}\boldsymbol{S}_j & \boldsymbol{B}_j^{\mathrm{T}}\boldsymbol{S}_m \\ \boldsymbol{B}_m^{\mathrm{T}}\boldsymbol{S}_i & \boldsymbol{B}_m^{\mathrm{T}}\boldsymbol{S}_j & \boldsymbol{B}_m^{\mathrm{T}}\boldsymbol{S}_m \end{bmatrix} = \begin{bmatrix} \boldsymbol{k}_{ii} & \boldsymbol{k}_{ij} & \boldsymbol{k}_{im} \\ \boldsymbol{k}_{ji} & \boldsymbol{k}_{jj} & \boldsymbol{k}_{jm} \\ \boldsymbol{k}_{mi} & \boldsymbol{k}_{mj} & \boldsymbol{k}_{mm} \end{bmatrix} \tag{4-27}$$

式中，$\boldsymbol{k}_{rs}$ 为 2×2 的子矩阵，对于平面应力问题有：

$$\boldsymbol{k}_{rs} = \frac{Et}{4(1-\mu^2)\Delta} \begin{bmatrix} b_r b_s + \dfrac{1-\mu}{2} c_r c_s & \mu b_r b_s + \dfrac{1-\mu}{2} c_r b_s \\ \mu c_r b_s + \dfrac{1-\mu}{2} b_r c_s & c_r c_s + \dfrac{1-\mu}{2} b_r b_s \end{bmatrix} \tag{4-28}$$

式中，$r=i,j,m$；$s=i,j,m$。

4.3.4　单元刚度矩阵的性质

① 单元刚度矩阵的物理意义。表达单元抵抗变形的能力，其元素值为单位位移所引起的节点力，与普通弹簧的刚度系数具有同样的物理本质。例如子块 $\boldsymbol{k}_{ij}$：

$$\boldsymbol{k}_{ij} = \begin{bmatrix} k_{ij}^{11} & k_{ij}^{12} \\ k_{ij}^{21} & k_{ij}^{22} \end{bmatrix}$$

其中，上标 1 表示 x 方向自由度；2 表示 y 方向自由度。后一上标代表单位位移的方向，前一上标代表单位位移引起的节点力方向。如 k_{ij}^{11} 表示 j 节点产生单位 x 方向位移时在 i 节点引起的 x 方向节点力分量，k_{ij}^{21} 表示 j 节点产生单位 x 方向位移时在 i 节点引起的 y 方向节点力分量，其余类推。显然，单元的某节点某自由度产生单位位移引起的单元节点力向量，生成单元刚度矩阵的对应列元素。

② 单元刚度矩阵为对称矩阵。由功的互等定理中的反力互等可以知道：

$$k_{13}^{12} = k_{31}^{21}$$

所以，$k^{\textcircled{e}}$ 为对称矩阵。

③ 单元刚度矩阵与单元位置无关（但与方位有关）。由物理意义不难说明，单元刚度矩阵与单元位置（刚体平移无关）。

④ 奇异性。由于单元分析中没有给单元施加任何约束，单元可有任意的刚体位移，即在式(4-24)中，给定的节点力不能唯一地确定节点位移，可知单元刚度矩阵不可求逆。

4.4　等效节点载荷

有限元法分析只采用节点载荷，作用于单元上的非节点载荷都必须移置为等效节点载荷。依照圣维南原理，只要这种移置遵循静力等效原则，就只会对应力分布产生局部影响，且随着单元的细分，影响会逐步降低。所谓静力等效，就是原载荷与等效节点载荷在虚位移上所做的虚功相等。

4.4.1 集中力等效

设三角形单元内任意一点 $M(x,y)$ 受有集中载荷 $\boldsymbol{P}$，如图 4-8 所示。

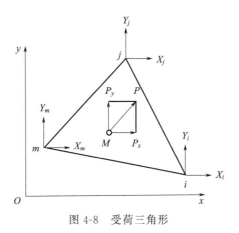

图 4-8 受荷三角形

集中载荷：

$$\boldsymbol{P} \approx \begin{bmatrix} P_x & P_y \end{bmatrix}^{\mathrm{T}}$$

移置为等效节点载荷：

$$\boldsymbol{R}^{\textcircled{e}} = \begin{bmatrix} X_i & Y_i & X_j & Y_j & X_m & Y_m \end{bmatrix}^{\mathrm{T}} \tag{4-29}$$

假想单元发生了虚位移，其中 M 点虚位移为 $\boldsymbol{u}^{*}$，单元节点虚位移为 $\boldsymbol{\delta}^{*\textcircled{e}}$，按照静力等效原则有：

$$\boldsymbol{\delta}^{*\textcircled{e}\mathrm{T}} \boldsymbol{R}^{\textcircled{e}} = \boldsymbol{u}^{*\mathrm{T}} \boldsymbol{P} \tag{4-30}$$

将式(4-9)代入式(4-30)得：

$$\boldsymbol{\delta}^{*\textcircled{e}\mathrm{T}} \boldsymbol{R}^{\textcircled{e}} = \boldsymbol{\delta}^{*\textcircled{e}\mathrm{T}} \boldsymbol{N}^{\mathrm{T}} \boldsymbol{P} \tag{4-31}$$

由虚位移的任意性可知，要使式(4-31)成立，必然有：

$$\boldsymbol{R}^{\textcircled{e}} = \boldsymbol{N}^{\mathrm{T}} \boldsymbol{P} \tag{4-32}$$

4.4.2 体力和面力等效

设单元承受有分布体力，单位体积的体力记为 $\boldsymbol{p} = \begin{bmatrix} X & Y \end{bmatrix}^{\mathrm{T}}$，此时可以在单元内取微分体 $t\,\mathrm{d}x\mathrm{d}y$，将微分体上的体力 $\boldsymbol{p}t\,\mathrm{d}x\mathrm{d}y$ 视为集中载荷代入式(4-32)后，对整个单元体积积分，就得到：

$$\boldsymbol{R}^{\textcircled{e}} = \iint \boldsymbol{N}^{\mathrm{T}} \boldsymbol{p}t\,\mathrm{d}x\,\mathrm{d}y \tag{4-33}$$

设在单元的某一个边界上作用有分布的面力，单位面积上的面力为 $\overline{\boldsymbol{p}} = \begin{bmatrix} \overline{X} & \overline{Y} \end{bmatrix}^{\mathrm{T}}$，在此边界上取微面积 $t\,\mathrm{d}s$，将微面积上的面力 $\overline{\boldsymbol{p}}t\,\mathrm{d}s$ 视为集中载荷，利用式(4-32)，对整个边界面积分，得到：

$$\boldsymbol{R}^{e} = \int \boldsymbol{N}^{\mathrm{T}} \,\overline{\boldsymbol{p}}\, t \, \mathrm{d}s \qquad (4\text{-}34)$$

4.4.3　线性位移模式下的载荷等效

利用上述公式求等效节点载荷，当原载荷是分布体力或面力时，进行积分运算是比较烦琐的。但在线性位移模式下，可以按照静力学中力的分解原理直接求出等效节点载荷。例如，

① y 方向的重力 W：

$$\boldsymbol{R}^{e} = -\frac{W}{3}\begin{bmatrix} 0 & 1 & 0 & 1 & 0 & 1 \end{bmatrix}^{\mathrm{T}}$$

② ij 边承受 x 方向的均布面力 q，如图 4-9 所示。

$$\boldsymbol{R}^{e} = qtl\begin{bmatrix} \dfrac{1}{2} & 0 & \dfrac{1}{2} & 0 & 0 & 0 \end{bmatrix}^{\mathrm{T}}$$

③ jm 边承受 x 方向的线性分布力，如图 4-10 所示。

$$\boldsymbol{R}^{e} = \frac{qtl}{2}\begin{bmatrix} 0 & 0 & \dfrac{2}{3} & 0 & \dfrac{1}{3} & 0 \end{bmatrix}^{\mathrm{T}}$$

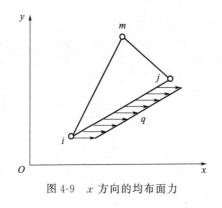

图 4-9　x 方向的均布面力

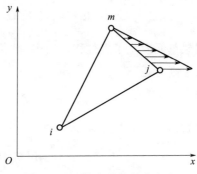

图 4-10　x 方向的线性分布力

4.5　整体分析

结构的整体分析就是将离散后的所有单元通过节点连接成原结构物进行分析，分析过程是将所有单元的单元刚度方程组集成总体刚度方程，引进边界条件后求解整体节点位移向量。

4.5.1　总体刚度矩阵

总体刚度方程实际上就是所有节点的平衡方程，由单元刚度方程组集成总体刚度方程应满足以下两个原则：①各单元在公共节点上协调地彼此连接，即在公共节点处具有

相同的位移。由于基本未知量为整体节点位移向量，这一点已经得到满足。②结构的各节点离散出来后应满足平衡条件，也就是说，环绕某一节点的所有单元作用于该节点的节点力之和应与该节点的节点载荷平衡。

实际上总体刚度方程组中的每一个方程就是节点在某一自由度上的静力平衡方程式。

将结构所有 m 个单元的虚应变能、虚功分别叠加得到：

$$\sum_m \boldsymbol{\delta}^{*e\mathrm{T}} \boldsymbol{k}^e \boldsymbol{\delta}^e = \sum_m \boldsymbol{\delta}^{*e\mathrm{T}} \boldsymbol{R}^e \tag{4-35}$$

这里还只能是数值意义上的叠加，要理解成将单元刚度方程叠加组集出一组平衡方程还要做两方面的工作：

① 统一使用整体节点编号。如图 4-11 所示，结构的第④单元节点编号统一依次改写为整体节点编号后为 $i=8$，$j=7$，$m=5$。

② 依照结构总体的节点自由度数 $2n$ 扩展单元刚度矩阵与单元节点载荷列阵，使它们成为可以两两叠加的贡献阵 $\overline{\boldsymbol{K}}^e$ 与 $\overline{\boldsymbol{R}}^e$：

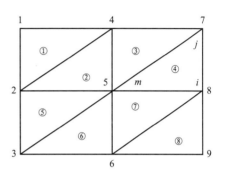

图 4-11　三角形单元的节点统一编号

a) 单元刚度矩阵由 6×6 维扩展为 $2n \times 2n$ 维，或者说由 3×3 子块扩展为 $n \times n$ 子块，以第 4 单元为例：

$$\boldsymbol{K}^④ = \begin{bmatrix} \boldsymbol{k}_{ii}^④ & \boldsymbol{k}_{ij}^④ & \boldsymbol{k}_{im}^④ \\ \boldsymbol{k}_{ji}^④ & \boldsymbol{k}_{jj}^④ & \boldsymbol{k}_{jm}^④ \\ \boldsymbol{k}_{mi}^④ & \boldsymbol{k}_{mj}^④ & \boldsymbol{k}_{mm}^④ \end{bmatrix}$$

扩展为：

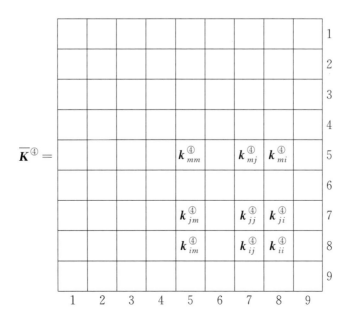

b）单元等效节点载荷列阵扩展为 $2n \times 1$ 列阵：

$$\boldsymbol{R}^{\circledA} = \begin{bmatrix} \boldsymbol{R}_i^{\circledA} \\ \boldsymbol{R}_j^{\circledA} \\ \boldsymbol{R}_m^{\circledA} \end{bmatrix}$$

扩展为：

$$\{R\}^{\circledA} = \begin{bmatrix} 0 & 0 & 0 & 0 & 0 & 0 & 0 & 0 & X_m^{\circledA} & Y_m^{\circledA} & 0 & 0 & X_j^{\circledA} & Y_j^{\circledA} & X_i^{\circledA} & Y_i^{\circledA} & 0 & 0 \end{bmatrix}^{\mathrm{T}}$$

由于节点位移是未知量，且相关单元在公共节点具有相同的位移，节点位移向量可直接写成 $2n \times 1$ 维向量 $\boldsymbol{\delta}_{2n \times 1}$。

至此方能实现单元刚度方程叠加，得到方程组：

$$\sum_m \boldsymbol{\delta}^{*\,\mathrm{T}}_{2n \times 1} \boldsymbol{K}^{\circlede}_{2n \times 1} \boldsymbol{\delta}_{2n \times 1} - \sum_m \boldsymbol{\delta}^{*\,\mathrm{T}}_{2n \times 1} \overline{\boldsymbol{R}}^{\circlede}_{2n \times 1} = 0$$

由于 $\boldsymbol{\delta}^{*\,\mathrm{T}}$、$\boldsymbol{\delta}$ 与求和号无关，上式成为：

$$\boldsymbol{\delta}^{*\,\mathrm{T}} \left[\left(\sum_m \boldsymbol{K}^{\circlede} \right) \boldsymbol{\delta} - \sum_m \overline{\boldsymbol{R}}^{\circlede} \right] = 0$$

由 $\boldsymbol{\delta}^{*\,\mathrm{T}}$ 的任意性可知：

$$\left(\sum_m \boldsymbol{K}^{\circlede} \right) \boldsymbol{\delta} = \sum_m \overline{\boldsymbol{R}}^{\circlede}$$

写成：

$$\boldsymbol{K\delta} = \boldsymbol{R}$$

式中，$\boldsymbol{K} = \sum_m \overline{\boldsymbol{K}}^{\circlede}$ 称整体刚度矩阵；$\boldsymbol{R} = \sum_m \overline{\boldsymbol{R}}^{\circlede}$ 称整体节点载荷向量；$\boldsymbol{\delta}$ 为整体节点位移向量。

实际的组集过程是很简单的，譬如整体刚度矩阵的生成，事先给出存放整体刚度矩阵元素的二维数组，单元分析生成单元刚度矩阵时，将生成的子块按照对应的整体节点编号直接加到整体刚度矩阵二维数组中，称为对号入座。

4.5.2　总体刚度矩阵的性质

（1）稀疏性

互不相关的节点在总体刚度矩阵中产生零元，网格划分越细，节点越多，这种互不相关的节点也越多，且所占比例越来越大，总体刚度矩阵越稀疏。有限元分析中，同一节点的相关节点通常最多为 6~8 个，如果以 8 个计，当结构划分有 100 个节点时，总体刚度矩阵中一行的零子块与该行子块总数之比为 8/100；200 个节点时为 8/200。

（2）带状性

总体刚度矩阵中的非零元素分布在以主对角线为中心的带形区域内，其集中程度与节点编号方式有关。如图 4-12 所示平面问题总体刚度矩阵的带状性就很典型，图中黑点表示非零元素。

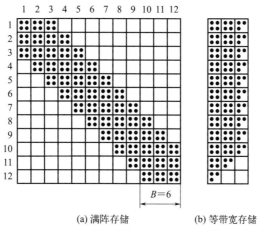

(a) 满阵存储　　　　　　(b) 等带宽存储

图 4-12　典型带状性总体刚度矩阵

描述带状性的一个重要物理量是半带宽 B，定义为包括对角线元素在内的半个带状区域中每行具有的元素个数，其计算式为：

$$B=（相关节点号最大差值＋1）×节点自由度数 \qquad (4-36)$$

图 4-12 所示网络的总体刚度矩阵半带宽为：

$$B=(2+1)×2=6$$

显然，半带宽与结构总体节点编码密切相关，将图 4-12 所示的总体节点编码改成如图 4-13 所示，总体刚度矩阵中带状区域的半带宽变为：

$$B=(6+1)×2=14$$

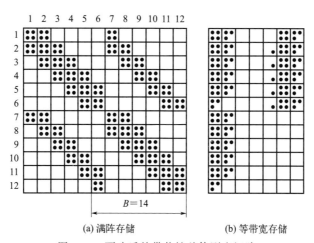

(a) 满阵存储　　　　　　(b) 等带宽存储

图 4-13　更改后的带状性总体刚度矩阵

为了节省计算机的存储量与计算时间，应使半带宽尽可能地小，即总体编号应沿短边进行且尽量使相邻节点差值最小。

（3）奇异性和对称性

根据对单元刚度矩阵的分析可知，整体刚度矩阵也是奇异矩阵。此外，整体刚度矩阵也是对称矩阵，编程时可以充分利用这一特点。

4.6　边界条件

由于总体刚度矩阵是奇异的，必须在总体刚度方程中引进位移边界条件（约束条件），约束结构的刚体位移，才能求解总体刚度方程。

位移边界条件指某些节点位移分量已知，程序上较易实现的引进位移边界条件的方法有两种：对角元素改 1 法和乘大数法。

4.6.1　对角元素改 1 法

设已知总体刚度方程：

$$K\delta = R$$

依自由度展开为：

$$\begin{bmatrix} k_{11} & k_{12} & \cdots & k_{1r} & \cdots & k_{1n} \\ k_{21} & k_{22} & \cdots & k_{2r} & \cdots & k_{2n} \\ \vdots & \vdots & & \vdots & & \vdots \\ k_{r1} & k_{r2} & \cdots & k_{rr} & \cdots & k_{rn} \\ \vdots & \vdots & & \vdots & & \vdots \\ k_{n1} & k_{n2} & \cdots & k_{nr} & \cdots & k_{nn} \end{bmatrix} \begin{bmatrix} \delta_1 \\ \delta_2 \\ \vdots \\ \delta_r \\ \vdots \\ \delta_n \end{bmatrix} = \begin{bmatrix} R_1 \\ R_2 \\ \vdots \\ R_r \\ \vdots \\ R_n \end{bmatrix} \tag{4-37}$$

这里 n 为整体节点自由度数，其中第 r 自由度方向的位移分量已知为 c_r（已知量），则式（4-37）中的第 r 个方程为：

$$\delta_r = c_r$$

将式（4-37）中的第 r 个方程直接改写为如上形式，即将总体刚度矩阵中对应主元素改为 1，对应行其他元素改为零，对应自由项改为 c_r。此时其余方程左边的第 r 项均已不含未知量，将它们都移到式（4-37）的自由项中，就得到如下引入了第 r 个自由度约束条件的总体刚度方程：

$$\begin{bmatrix} k_{11} & k_{12} & \cdots & 0 & \cdots & k_{1n} \\ k_{21} & k_{22} & \cdots & 0 & \cdots & k_{2n} \\ \vdots & \vdots & & \vdots & & \vdots \\ 0 & 0 & \cdots & 1 & \cdots & 0 \\ \vdots & \vdots & & \vdots & & \vdots \\ k_{n1} & k_{n2} & \cdots & 0 & \cdots & k_{nn} \end{bmatrix} \begin{bmatrix} \delta_1 \\ \delta_2 \\ \vdots \\ \delta_r \\ \vdots \\ \delta_n \end{bmatrix} = \begin{bmatrix} R_1 - k_{1r}c_r \\ R_2 - k_{2r}c_r \\ \vdots \\ c_r \\ \vdots \\ R_n - k_{nr}c_r \end{bmatrix} \tag{4-38}$$

此法对于节点被支座固定，即 $\delta_r = c_r = 0$ 的情况特别简单。此时可将方法归结为：将被约束的位移分量所对应的主元素改为 1，而对应行、列上的其他元素改为零，并将自由项 R 中的对应元素也改为零，即：

$$\begin{bmatrix} k_{11} & k_{12} & \cdots & 0 & \cdots & k_{1n} \\ k_{21} & k_{22} & \cdots & 0 & \cdots & k_{2n} \\ \vdots & \vdots & & \vdots & & \vdots \\ 0 & 0 & \cdots & 1 & \cdots & 0 \\ \vdots & \vdots & & \vdots & & \vdots \\ k_{n1} & k_{n2} & \cdots & 0 & \cdots & k_{nn} \end{bmatrix} \begin{bmatrix} \delta_1 \\ \delta_2 \\ \vdots \\ \delta_r \\ \vdots \\ \delta_n \end{bmatrix} = \begin{bmatrix} R_1 \\ R_2 \\ \vdots \\ 0 \\ \vdots \\ R_n \end{bmatrix} \tag{4-39}$$

显然，对角元素改 1 法是不难在程序中加以实现的，特别是对于已知位移为零的所谓载荷作用问题比较方便。某些已知位移不为零的所谓支座移动问题，则采用下面的乘大数法更为方便。

4.6.2 乘大数法

首先将整体刚度矩阵中与被约束的位移分量对应的主元素 k_{rr} 乘一个大数 N（一般取 $10^8 \sim 10^{10}$），即改写成 Nk_{rr}，并将载荷向量中与被约束位移分量对应的元素改为乘积 $Nk_{rr}c_r$，则整体刚度方程成为：

$$\begin{bmatrix} k_{11} & k_{12} & \cdots & k_{1r} & \cdots & k_{1n} \\ k_{21} & k_{22} & \cdots & k_{2r} & \cdots & k_{2n} \\ \vdots & \vdots & & \vdots & & \vdots \\ k_{r1} & k_{r2} & \cdots & Nk_{rr} & \cdots & k_{rn} \\ \vdots & \vdots & & \vdots & & \vdots \\ k_{n1} & k_{n2} & \cdots & k_{nr} & \cdots & k_{nn} \end{bmatrix} \begin{bmatrix} \delta_1 \\ \delta_2 \\ \vdots \\ \delta_r \\ \vdots \\ \delta_n \end{bmatrix} = \begin{bmatrix} R_1 \\ R_2 \\ \vdots \\ Nk_{rr}c_r \\ \vdots \\ R_r \end{bmatrix} \tag{4-40}$$

这里只改变了整体刚度方程式(4-40) 中的第 r 个方程的写法，使之成为：

$$k_{r1}\delta_1 + k_{r2}\delta_2 + \cdots + Nk_{rr}\delta_r + \cdots + k_{rn}\delta_n = Nk_{rr}c_r \tag{4-41}$$

将方程左右两边同除以 Nk_{rr} 可知，左边除第 r 项为 δ_r 应保留外，其余各项均微小而可略去，方程成为：

$$\delta_r = c_r$$

即已知的位移边界条件。

乘大数法在程序中同样不难实现。

4.6.3 降阶法

降阶法也称为直接代入法，是将整体刚度方程组中的已知节点位移的自由度消去，得到一组降阶的修正方程。其原理是按节点位移是已知还是待定重新组合方程为：

$$\begin{bmatrix} \boldsymbol{k}_{aa} & \boldsymbol{k}_{ab} \\ \boldsymbol{k}_{ba} & \boldsymbol{k}_{bb} \end{bmatrix} \begin{bmatrix} \boldsymbol{\delta}_a \\ \boldsymbol{\delta}_b \end{bmatrix} = \begin{bmatrix} \boldsymbol{R}_a \\ \boldsymbol{R}_b \end{bmatrix} \tag{4-42}$$

式中，$\boldsymbol{\delta}_b$ 为已知的节点位移向量。

最后得到可求解的降阶方程：

$$k_{aa}\boldsymbol{\delta}_a = \boldsymbol{R}_a - k_{ab}\boldsymbol{\delta}_b$$

由于此法程序实现较麻烦，一般只用于手算。

4.7 算例分析与 ANSYS 应用

4.7.1 算例分析

【**例 4-1**】 如图 4-14(a) 所示，有一正方形薄板，沿对角承受压力作用，厚度 $t=$ 1m，载荷 $F=20\text{kN/m}$，为了简化计算，设泊松比 $\mu=0$，材料的弹性模量为 E，试求它的应力分布。

解：①建立需要计算的力学模型并划分单元。由于该结构几何对称，受荷也对称，所以可利用其对称性，取薄板的 1/4 作为计算对象。为了简单起见，把它划分成 4 个三角形单元，单元和节点编号如图 4-14(b) 所示。由于对称，节点 1、2、4 不可能有水平位移，节点 4、5、6 不可能有垂直位移，故施加约束如图 4-14(b) 所示。

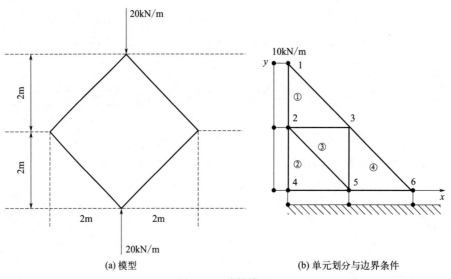

(a) 模型　　　　　　　　　(b) 单元划分与边界条件

图 4-14　计算模型

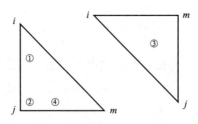

(a) 正三角单元　　　(b) 倒三角单元

图 4-15　两类单元节点编号

取总体 x，y 坐标并确定各节点的坐标值。由图 4-15 可以看出，这里只有两类不同的单元，一类单元是①、②、④，另一类单元是③。两类单元节点的编排如图 4-15 所示。

单元①，单元节点编排对应于结构的节点编号 1、2、3。3 个节点坐标如下：

$$x_i = 0，x_j = 0，x_m = 1\text{m}$$

$$y_i = 2\text{m}，y_j = 1\text{m}，y_m = 1\text{m}$$

代入式(4-7) 得：

$$b_i = y_j - y_m = 0；b_j = y_m - y_i = -1\text{m}；b_m = y_i - y_j = 1\text{m}$$

$$c_i = x_m - x_j = 1\text{m}；c_j = x_i - x_m = -1\text{m}；c_m = x_j - x_i = 0$$

三角形面积：

$$\Delta = \frac{1}{2}\text{m}^2$$

单元节点坐标以及单元和节点的编号是原始数据，可用手工输入，也可由计算机完成。对于单元②、③、④定出单元节点的坐标值后，同样可算出相关参数，以及各单元的面积。

② 计算各单元的刚度矩阵 $\boldsymbol{k}^e$ 及组集成总刚 $\boldsymbol{K}$。由于 $t = 1\text{m}$，$\mu = 0$，所以：

$$\frac{Et}{4(1-\mu^2)\Delta} = \frac{E}{2}$$

于是由式(4-27) 可求得单元①刚度矩阵为：

$$\boldsymbol{k}^{①} = \begin{bmatrix} \boldsymbol{k}_{ii}^{①} & \boldsymbol{k}_{ij}^{①} & \boldsymbol{k}_{im}^{①} \\ \boldsymbol{k}_{ji}^{①} & \boldsymbol{k}_{jj}^{①} & \boldsymbol{k}_{jm}^{①} \\ \boldsymbol{k}_{mi}^{①} & \boldsymbol{k}_{mj}^{①} & \boldsymbol{k}_{mm}^{①} \end{bmatrix} = \begin{bmatrix} \boldsymbol{k}_{11}^{①} & \boldsymbol{k}_{12}^{①} & \boldsymbol{k}_{13}^{①} \\ \boldsymbol{k}_{21}^{①} & \boldsymbol{k}_{22}^{①} & \boldsymbol{k}_{23}^{①} \\ \boldsymbol{k}_{31}^{①} & \boldsymbol{k}_{32}^{①} & \boldsymbol{k}_{33}^{①} \end{bmatrix}$$

$$= E\begin{bmatrix} 0.25 & 0 & -0.25 & -0.25 & 0 & 0.25 \\ 0 & 0.5 & 0 & -0.5 & 0 & 0 \\ -0.25 & 0 & 0.75 & 0.25 & -0.5 & -0.25 \\ -0.25 & -0.5 & 0.25 & 0.75 & 0 & -0.25 \\ 0 & 0 & -0.5 & 0 & 0.5 & 0 \\ 0.25 & 0 & -0.25 & -0.25 & 0 & 0.25 \end{bmatrix}$$

同理可得单元②、④的刚度矩阵分别为：

$$\boldsymbol{k}^{②} = \begin{bmatrix} \boldsymbol{k}_{22}^{②} & \boldsymbol{k}_{24}^{②} & \boldsymbol{k}_{25}^{②} \\ \boldsymbol{k}_{42}^{②} & \boldsymbol{k}_{44}^{②} & \boldsymbol{k}_{45}^{②} \\ \boldsymbol{k}_{52}^{②} & \boldsymbol{k}_{54}^{②} & \boldsymbol{k}_{55}^{②} \end{bmatrix}，\boldsymbol{k}^{④} = \begin{bmatrix} \boldsymbol{k}_{33}^{④} & \boldsymbol{k}_{35}^{④} & \boldsymbol{k}_{36}^{④} \\ \boldsymbol{k}_{53}^{④} & \boldsymbol{k}_{55}^{④} & \boldsymbol{k}_{56}^{④} \\ \boldsymbol{k}_{63}^{④} & \boldsymbol{k}_{65}^{④} & \boldsymbol{k}_{66}^{④} \end{bmatrix}$$

由于①、②、④单元算出的 b_i、b_j 等值以及三角形面积均相同，故算出的单元②、④刚度矩阵与单元①的刚度矩阵数值完全相同。

单元③的节点 i、j、m 相应于总体编号中的 2、5、3 点，其节点坐标为：

$$x_i = 0, \ x_j = 1\text{m}, \ x_m = 1\text{m}$$

$$y_i = 1\text{m}, \ y_j = 0, \ y_m = 1\text{m}$$

由此得：

$$b_i = -1\text{m}, \ b_j = 0, \ b_m = 1\text{m}$$

$$c_i = 0, \ c_j = -1\text{m}, \ c_m = 1\text{m}$$

从而算出单元刚度矩阵为：

$$\boldsymbol{k}^{③} = \begin{bmatrix} \boldsymbol{k}_{ii}^{③} & \boldsymbol{k}_{ij}^{③} & \boldsymbol{k}_{im}^{③} \\ \boldsymbol{k}_{ji}^{③} & \boldsymbol{k}_{jj}^{③} & \boldsymbol{k}_{jm}^{③} \\ \boldsymbol{k}_{mi}^{③} & \boldsymbol{k}_{mj}^{③} & \boldsymbol{k}_{mm}^{③} \end{bmatrix} = \begin{bmatrix} \boldsymbol{k}_{22}^{③} & \boldsymbol{k}_{25}^{③} & \boldsymbol{k}_{23}^{③} \\ \boldsymbol{k}_{52}^{③} & \boldsymbol{k}_{55}^{③} & \boldsymbol{k}_{53}^{③} \\ \boldsymbol{k}_{32}^{③} & \boldsymbol{k}_{35}^{③} & \boldsymbol{k}_{33}^{③} \end{bmatrix}$$

$$= E \begin{bmatrix} 0.5 & 0 & 0 & 0 & -0.5 & 0 \\ 0 & 0.25 & 0.25 & 0 & -0.25 & -0.25 \\ 0 & 0.25 & 0.25 & 0 & -0.25 & -0.25 \\ 0 & 0 & 0 & 0.5 & 0 & -0.15 \\ -0.5 & -0.25 & -0.25 & 0 & 0.75 & 0.25 \\ 0 & -0.25 & -0.25 & -0.5 & 0.25 & 0.75 \end{bmatrix}$$

根据各单元刚度矩阵组集成总刚度矩阵 $\boldsymbol{K}$ 为：

$$\boldsymbol{K} = \begin{bmatrix} \boldsymbol{k}_{11}^{①} & \boldsymbol{k}_{12}^{①} & \boldsymbol{k}_{13}^{①} & 0 & 0 & 0 \\ & \boldsymbol{k}_{22}^{①} + \boldsymbol{k}_{22}^{②} + \boldsymbol{k}_{22}^{③} & \boldsymbol{k}_{23}^{①} + \boldsymbol{k}_{23}^{③} & \boldsymbol{k}_{24}^{②} & \boldsymbol{k}_{25}^{②} + \boldsymbol{k}_{25}^{③} & 0 \\ & & \boldsymbol{k}_{33}^{①} + \boldsymbol{k}_{33}^{③} + \boldsymbol{k}_{33}^{④} & 0 & \boldsymbol{k}_{35}^{③} + \boldsymbol{k}_{35}^{④} & \boldsymbol{k}_{36}^{④} \\ & & & \boldsymbol{k}_{44}^{②} & \boldsymbol{k}_{45}^{②} & 0 \\ & 对 \quad 称 & & & \boldsymbol{k}_{55}^{②} + \boldsymbol{k}_{55}^{③} + \boldsymbol{k}_{55}^{④} & \boldsymbol{k}_{56}^{④} \\ & & & & & \boldsymbol{k}_{66}^{④} \end{bmatrix}$$

由以上结果求得总刚度矩阵各元素为：

$$\boldsymbol{k}_{11} = \boldsymbol{k}_{11}^{①} = E \begin{bmatrix} 0.25 & 0 \\ 0 & 0.5 \end{bmatrix}$$

$$\boldsymbol{k}_{12} = \boldsymbol{k}_{12}^{①} = E \begin{bmatrix} -0.25 & -0.25 \\ 0 & -0.5 \end{bmatrix}$$

$$\boldsymbol{k}_{13} = \boldsymbol{k}_{13}^{①} = E \begin{bmatrix} 0 & 0.25 \\ 0 & 0 \end{bmatrix}$$

$$\boldsymbol{k}_{22} = \boldsymbol{k}_{22}^{①} + \boldsymbol{k}_{22}^{②} + \boldsymbol{k}_{22}^{③}$$

$$= E \begin{bmatrix} 0.75 & 0.25 \\ 0.25 & 0.75 \end{bmatrix} + E \begin{bmatrix} 0.25 & 0 \\ 0 & 0.5 \end{bmatrix} + E \begin{bmatrix} 0.5 & 0 \\ 0 & 0.25 \end{bmatrix}$$

$$= E \begin{bmatrix} 1.5 & 0.25 \\ 0.25 & 1.5 \end{bmatrix}$$

$$\boldsymbol{k}_{23} = \boldsymbol{k}_{23}^{①} + \boldsymbol{k}_{23}^{③} = E \begin{bmatrix} -0.5 & -0.25 \\ 0 & -0.25 \end{bmatrix} + E \begin{bmatrix} -0.5 & 0 \\ -0.25 & -0.25 \end{bmatrix}$$

$$= E \begin{bmatrix} -1 & -0.25 \\ -0.25 & -0.5 \end{bmatrix}$$

$$\boldsymbol{k}_{24} = \boldsymbol{k}_{24}^{②} = E \begin{bmatrix} -0.25 & -0.25 \\ 0 & -0.5 \end{bmatrix}$$

$$\boldsymbol{k}_{25} = \boldsymbol{k}_{25}^{②} + \boldsymbol{k}_{25}^{③}$$

$$= E \begin{bmatrix} 0 & 0.25 \\ 0 & 0 \end{bmatrix} + E \begin{bmatrix} 0 & 0 \\ 0.25 & 0 \end{bmatrix}$$

$$= E \begin{bmatrix} 0 & 0.25 \\ 0.25 & 0 \end{bmatrix}$$

$$\boldsymbol{k}_{33} = \boldsymbol{k}_{33}^{①} + \boldsymbol{k}_{33}^{③} + \boldsymbol{k}_{33}^{④}$$

$$= E \begin{bmatrix} 0.5 & 0 \\ 0 & 0.25 \end{bmatrix} + E \begin{bmatrix} 0.75 & 0.25 \\ 0.25 & 0.75 \end{bmatrix} + E \begin{bmatrix} 0.25 & 0 \\ 0 & 0.5 \end{bmatrix}$$

$$= E \begin{bmatrix} 1.5 & 0.25 \\ 0.25 & 1.5 \end{bmatrix}$$

$$\boldsymbol{k}_{35} = \boldsymbol{k}_{35}^{③} + \boldsymbol{k}_{35}^{④}$$

$$= E \begin{bmatrix} -0.25 & 0 \\ -0.25 & -0.5 \end{bmatrix} + E \begin{bmatrix} -0.25 & -0.25 \\ 0 & -0.5 \end{bmatrix}$$

$$= E \begin{bmatrix} -0.5 & -0.25 \\ -0.25 & -1 \end{bmatrix}$$

$$\boldsymbol{k}_{36} = \boldsymbol{k}_{36}^{④} = E \begin{bmatrix} 0 & 0.25 \\ 0 & 0 \end{bmatrix}$$

$$\boldsymbol{k}_{44} = \boldsymbol{k}_{44}^{②} = E \begin{bmatrix} 0.75 & 0.25 \\ 0.25 & 0.75 \end{bmatrix}$$

第
4
章

$$\boldsymbol{k}_{45}=\boldsymbol{k}_{45}^{②}=E\begin{bmatrix} -0.5 & -0.25 \\ 0 & -0.25 \end{bmatrix}$$

$$\boldsymbol{k}_{55}=\boldsymbol{k}_{55}^{②}+\boldsymbol{k}_{55}^{③}+\boldsymbol{k}_{55}^{④}$$

$$=E\begin{bmatrix} 0.5 & 0 \\ 0 & 0.25 \end{bmatrix}+E\begin{bmatrix} 0.25 & 0 \\ 0 & 0.5 \end{bmatrix}+E\begin{bmatrix} 0.75 & 0.25 \\ 0.25 & 0.75 \end{bmatrix}$$

$$=E\begin{bmatrix} 1.5 & 0.25 \\ 0.25 & 1.5 \end{bmatrix}$$

$$\boldsymbol{k}_{56}=\boldsymbol{k}_{56}^{④}=E\begin{bmatrix} -0.5 & -0.25 \\ 0 & -0.25 \end{bmatrix}$$

$$\boldsymbol{k}_{66}=\boldsymbol{k}_{66}^{④}=E\begin{bmatrix} 0.5 & 0 \\ 0 & 0.25 \end{bmatrix}$$

把上面计算出的 $\boldsymbol{k}_{11}$，$\cdots$，$\boldsymbol{k}_{66}$ 对号入座放到总体刚度矩阵 $\boldsymbol{K}$ 中去，于是得到 $\boldsymbol{K}$ 的具体表达式。

③ 计算并代入等效节点载荷及相应的位移边界条件，以建立和求解未知节点位移的平衡方程组。先求出各项等效节点载荷然后叠加，以形成方程组右端载荷项，但本问题只在节点 1 有一个集中外载荷 $R_i=10\text{kN/m}$（取 $F=20\text{kN/m}$ 的一半）。

由结构的对称性，可以看出 $u_1=u_2=u_4=v_4=v_5=v_6=0$。于是需要求的未知节点位移分量只有 6 个，即 v_1、v_2、u_3、v_3、u_5、u_6。代入边界条件及外载荷以及支反力后，其方程组为：

$$E\begin{bmatrix} 0.25 & 0 & -0.25 & -0.25 & 0 & 0.25 & 0 & 0 & 0 & 0 & 0 & 0 \\ 0 & 0.5 & 0 & -0.5 & 0 & 0 & 0 & 0 & 0 & 0 & 0 & 0 \\ -0.25 & 0 & 1.5 & 0.25 & -1 & -0.25 & -0.25 & -0.25 & 0 & 0.25 & 0 & 0 \\ -0.25 & -0.5 & 0.25 & 1.5 & -0.25 & -0.5 & 0 & -0.5 & 0.25 & 0 & 0 & 0 \\ 0 & 0 & -1 & -0.25 & 1.5 & 0.25 & 0 & 0 & -0.5 & -0.25 & 0 & 0.25 \\ 0.25 & 0 & -0.25 & -0.5 & 0.25 & 1.5 & 0 & 0 & -0.25 & -1 & 0 & 0 \\ 0 & 0 & -0.25 & 0 & 0 & 0 & 0.75 & 0.25 & -0.5 & -0.25 & 0 & 0 \\ 0 & 0 & -0.25 & -0.5 & 0 & 0 & 0.25 & 0.75 & 0 & -0.25 & 0 & 0 \\ 0 & 0 & 0 & 0.25 & -0.5 & -0.25 & -0.5 & 0 & 1.5 & 0.25 & -0.5 & -0.25 \\ 0 & 0 & 0.25 & 0 & -0.25 & -1 & -0.25 & -0.25 & 0.25 & 1.5 & 0 & -0.25 \\ 0 & 0 & 0 & 0 & 0 & 0 & 0 & 0 & -0.5 & 0 & 0.5 & 0 \\ 0 & 0 & 0 & 0 & 0.25 & 0 & 0 & 0 & -0.25 & -0.25 & 0 & 0.25 \end{bmatrix}\begin{bmatrix} 0 \\ v_1 \\ 0 \\ v_2 \\ u_3 \\ v_3 \\ 0 \\ 0 \\ u_5 \\ 0 \\ u_6 \\ 0 \end{bmatrix}=\begin{bmatrix} F_{1x} \\ -10 \\ F_{2x} \\ 0 \\ 0 \\ 0 \\ F_{4x} \\ F_{4y} \\ 0 \\ F_{5y} \\ 0 \\ F_{6y} \end{bmatrix}$$

解此方程组的办法之一，是把方程改变一下，把未知节点位移放在一起，把有支反力的方程也放在一起，即把左端系数矩阵行列倒换，于是可分块求解。第二种办法是把带有支反力的方程去掉，即把系数矩阵中的第 1、3、7、8、10、12 行和列划掉，得出带有 6 个未知位移的方程式：

$$
E\begin{bmatrix} 0.5 & -0.5 & 0 & 0 & 0 & 0 \\ -0.5 & 1.5 & -0.25 & -0.5 & 0.25 & 0 \\ 0 & -0.25 & 1.5 & 0.25 & -0.5 & 0 \\ 0 & -0.5 & 0.25 & 1.5 & -0.25 & 0 \\ 0 & 0.25 & -0.5 & -0.25 & 1.5 & -0.5 \\ 0 & 0 & 0 & 0 & -0.5 & 0.5 \end{bmatrix}\begin{bmatrix} v_1 \\ v_2 \\ u_3 \\ v_3 \\ u_5 \\ u_6 \end{bmatrix}=\begin{bmatrix} -10 \\ 0 \\ 0 \\ 0 \\ 0 \\ 0 \end{bmatrix}
$$

解此方程组即得到位置节点位移分量。由上方程组求得位移分量如下：

$$
\begin{bmatrix} v_1 \\ v_2 \\ u_3 \\ v_3 \\ u_5 \\ u_6 \end{bmatrix}=\begin{bmatrix} -32.52/E \\ -12.52/E \\ -0.88/E \\ -3.72/E \\ 1.76/E \\ 1.76/E \end{bmatrix}
$$

④　求单元应力分量。求出节点位移分量后，就可以按式(4-18)计算单元中的应力。

略去初应变 ε_0，于是有：

对于单元①、②、④

$$
\boldsymbol{S}=E\begin{bmatrix} 0 & 0 & -1 & 0 & 1 & 0 \\ 0 & 1 & 0 & -1 & 0 & 0 \\ 0.5 & 0 & -0.5 & -0.5 & 0 & 0.5 \end{bmatrix}
$$

对于单元③

$$
\boldsymbol{S}=E\begin{bmatrix} -1 & 0 & 0 & 0 & 1 & 0 \\ 0 & 0 & 0 & -1 & 0 & 1 \\ 0 & -0.5 & -0.5 & 0 & 0.5 & 0.5 \end{bmatrix}
$$

注意到 $u_1=u_2=u_4=v_4=v_5=v_6=0$，最后可求得各单元的应力为：

$$
\begin{bmatrix} \sigma_x \\ \sigma_y \\ \tau_{xy} \end{bmatrix}^{①}=E\begin{bmatrix} 0 & 0 & -1 & 0 & 1 & 0 \\ 0 & 1 & 0 & -1 & 0 & 0 \\ 0.5 & 0 & -0.5 & -0.5 & 0 & 0.5 \end{bmatrix}\begin{bmatrix} 0 \\ v_1 \\ 0 \\ v_2 \\ u_3 \\ v_3 \end{bmatrix}=\begin{bmatrix} -0.88 \\ -20.00 \\ 4.40 \end{bmatrix}\mathrm{kN/m^2}
$$

$$\begin{bmatrix} \sigma_x \\ \sigma_y \\ \tau_{xy} \end{bmatrix}^{②} = E \begin{bmatrix} 0 & 0 & -1 & 0 & 1 & 0 \\ 0 & 1 & 0 & -1 & 0 & 0 \\ 0.5 & 0 & -0.5 & -0.5 & 0 & 0.5 \end{bmatrix} \begin{bmatrix} 0 \\ v_2 \\ 0 \\ 0 \\ u_5 \\ 0 \end{bmatrix} = \begin{bmatrix} 1.76 \\ -12.52 \\ 0 \end{bmatrix} kN/m^2$$

$$\begin{bmatrix} \sigma_x \\ \sigma_y \\ \tau_{xy} \end{bmatrix}^{③} = E \begin{bmatrix} -1 & 0 & 0 & 0 & 1 & 0 \\ 0 & 0 & 0 & -1 & 0 & 1 \\ 0 & -0.5 & -0.5 & 0 & 0.5 & 0.5 \end{bmatrix} \begin{bmatrix} 0 \\ v_2 \\ u_5 \\ 0 \\ u_3 \\ v_3 \end{bmatrix} = \begin{bmatrix} -0.88 \\ -3.72 \\ -3.08 \end{bmatrix} kN/m^2$$

$$\begin{bmatrix} \sigma_x \\ \sigma_y \\ \tau_{xy} \end{bmatrix}^{④} = E \begin{bmatrix} 0 & 0 & -1 & 0 & 1 & 0 \\ 0 & 1 & 0 & -1 & 0 & 0 \\ 0.5 & 0 & -0.5 & -0.5 & 0 & 0.5 \end{bmatrix} \begin{bmatrix} u_3 \\ v_3 \\ u_5 \\ 0 \\ u_6 \\ 0 \end{bmatrix} = \begin{bmatrix} 0 \\ -3.72 \\ -1.32 \end{bmatrix} kN/m^2$$

如图 4-16 所示标出了各个单元的应力值，而且在单元内是不变的，这就说明了是一近似解。在单元交界处，应力值有突变，可以看出，如将单元分得很细，则突变减小，其结果将会改善。

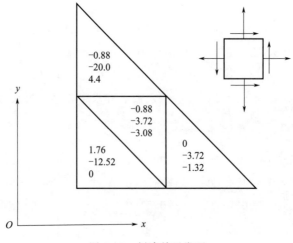

图 4-16　创建单元类型

4.7.2 ANSYS 分析对比

按照 3.6.2 小节的方法打开软件后，同样采用界面交互方式和命令行的方式，按照以下流程建立模型并分析计算：

(1) 创建材料

按照 3.6.2 小节的方法创建材料，选择创建各向同性材料，弹性模量取 1，泊松比取 0。

(2) 选择单元

采用界面交互方式选择单元类型：依次点击路径"Main menu"＞"Preprocessor"＞"Element Type"＞"Add/Edit/Delete"，弹出交互界面如图 4-17 所示，这里选择"SHELL181"，该单元是 4 节点壳单元。

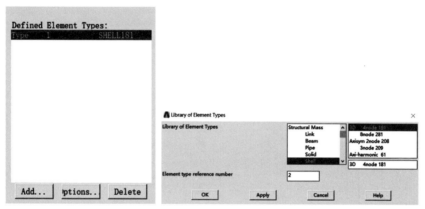

图 4-17 创建单元类型

采用命令行的方式选择单元类型，可以在命令行窗口中依次输入以下语句：

```
ET,1,SHELL181
```

(3) 创建模型

a）创建节点

采用界面交互方式创建节点：依次点击路径"Main menu"＞"Preprocessor"＞"Modeling"＞"Create"＞"Nodes"，弹出的交互界面如图 4-18 所示。

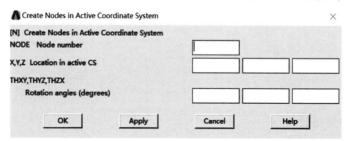

图 4-18 创建节点

按照【例 4-1】题意，创建节点坐标如下：1 号节点$(0,2,0)$，2 号节点$(0,1,0)$，3 号节点$(1,1,0)$，4 号节点$(0,0,0)$，5 号节点$(1,0,0)$，6 号节点$(2,0,0)$。

采用命令行的方式创建节点，可在命令行窗口中依次输入以下语句：

```
N,,0,2,,,,,
N,,0,1,,,,,
N,,1,1,,,,,
N,,0,0,,,,,
N,,1,0,,,,,
N,,2,0,,,,,
```

生成节点的效果如图 4-19 所示。

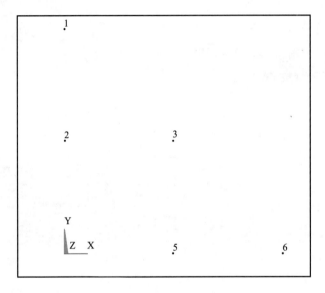

图 4-19　创建的节点

b）创建单元

采用界面交互方式创建单元：依次点击路径 "Main menu" ＞ "Preprocessor" ＞ "Modeling" ＞ "Create" ＞ "Auto Numbered" ＞ "Thru Nodes"，打开节点选择窗口，依次点击节点 "1" "2" "3" "Apply" "2" "3" "4" "Apply" "3" "4" "5" "Apply" "3" "5" "6" "Apply"，生成网格如图 4-20 所示。

采用命令行的方式创建单元，可以在命令行窗口中依次输入以下语句：

```
E,1,2,3
E,2,3,4
E,3,4,5
E,3,5,6
```

（4）创建约束与载荷

根据【例 4-1】所给的条件，在 1、2、4、5、6 号对称边界的节点处，1、2 号节点约束 x 方向位移，5、6 号节点约束 y 方向位移，4 号节点约束所有自由度，在 1 号关键点处施加 10kN/m 的竖直向下的力。

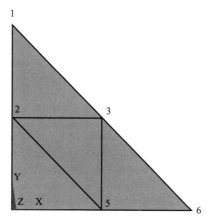

图 4-20 生成的网格

采用界面交互方式设置位移约束：依次点击路径"Main menu">"Preprocessor">"Loads">"Define Loads">"Apply">"Structural">"Displacement">"On Nodes"，按题意设置位移约束。

采用界面交互方式设置载荷：依次点击路径"Main menu">"Preprocessor">"Loads">"Define Loads">"Apply">"Structural">"Force/M">"On Nodes"，按题意设置载荷。

采用命令行的方式设置位移约束和载荷，可以在命令行窗口中依次输入以下语句：

```
D,1,,,,,,UX,,,,,
D,2,,,,,,UX,,,,,
D,4,,,,,,UX,UY,UZ,,,
D,5,,,,,,UY,,,,,
D,6,,,,,,UY,,,,,
F,1,FY,-10
```

（5）求解

采用界面交互方式进行计算求解设置：依次点击路径"Main menu">"Solution">"Analysis Type">"New Analysis"，选择"static"，再点击"Main menu">"Solution">"Solve">"Current LS"，点击"OK"并开始计算。

计算完成后，弹出对话框如图 4-21 所示。

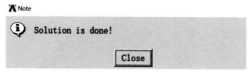

图 4-21 计算完成

（6）查看结果

按照 3.6.2 小节的方法可以查看节点位移、节点应力、单元应力等计算结果。

　　节点位移结果和单元应力结果如图 4-22 和图 4-23 所示。ANSYS 的计算结果与前一节计算的结果完全一致。

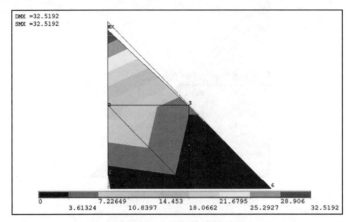

图 4-22　节点位移计算结果

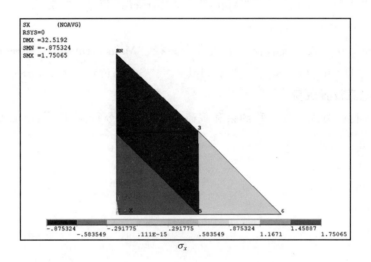

σ_x

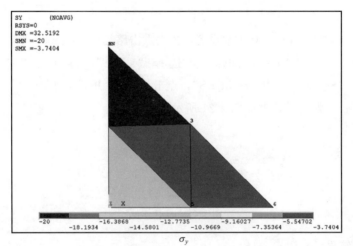

σ_y

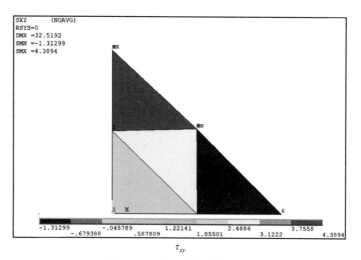

图 4-23 单元应力计算结果

习题

4-1 按位移求解的有限元法中：（1）应用了哪些弹性力学的基本方程？（2）应力边界条件及位移边界条件是如何反映的？（3）力的平衡条件是如何满足的？（4）变形协调条件是如何满足的？

4-2 在有限元法中，如何应用虚功原理导出单元内的应力和节点力的关系式，并将外载荷静力等效地变换为节点载荷？

4-3 为了保证有限元法解答的收敛性，平面三角形单元位移模式应满足哪些条件？

4-4 图 4-24 所示等腰直角三角形单元，设 $\mu = 0.25$，记杨氏弹性模量为 E，厚度为 4，求形函数矩阵 N、应变矩阵 B、应力矩阵 S 与单元刚度矩阵 K^e。

4-5 正方形薄板，受力与约束如图 4-25 所示，将其划分为两个三角形单元，$\mu = 0.25$，板厚为 t，求各节点位移与应力。

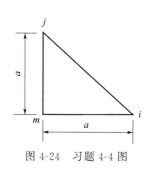

图 4-24 习题 4-4 图

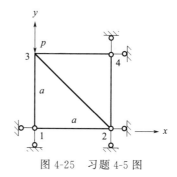

图 4-25 习题 4-5 图

4-6 三角形单元若 i、j、m 的 j、m 边作用有如图 4-26 所示线性分布面载荷，求节点载荷向量。

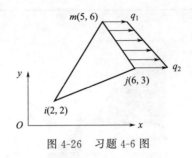

图 4-26   习题 4-6 图

4-7   图 4-27(a) 所示悬臂深梁，右端作用均布剪力，合力为 P，取 $\mu = 1$，厚度为 t，如图 4-27(b) 所示划分为 4 个三角形单元，求整体刚度方程。

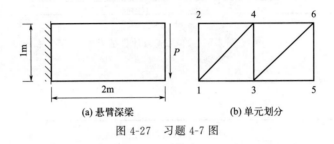

(a) 悬臂深梁   (b) 单元划分

图 4-27   习题 4-7 图

5 空间问题与体单元

第 5 章

教学目标

本章首先介绍空间问题的特点，再详细介绍空间问题常用的常应变四面体单元和空间 8 节点六面体单元。

重点和难点

采用常应变四面体单元解一般空间问题的基本过程

采用空间 8 节点六面体单元解一般空间问题的基本过程

5.1　引言

在工程实际中，由于结构的几何形状和受荷特点，有些问题必须按照空间问题来求解。与平面问题和轴对称问题相比，空间问题的计算要复杂得多，其一，网格划分比较困难，需要占用较长的时间；其二，计算模型大，计算机存储空间和计算时间消耗大。所以，分析空间问题时要充分利用求解问题的特点，如对称性、相似性和重复性等，尽量减小有限元模型规模。

与弹性力学平面问题一样，在用有限元法研究弹性力学空间问题时，也是把一个连续的空间弹性体离散成有限个空间单元，这些单元彼此间也只在节点处以空间铰链互相连接，成为空间铰接点。单元间通过节点相互作用，进行力的传递。在节点位移或其某一分量已知的位置，设置空间铰支座或相应的链杆支座作为约束条件。单元所受的载荷，也按等效的原则移置到节点上。

实际计算时，常用的空间单元类型有很多，如四面体、五面体或六面体等，本章将重点介绍常应变四面体单元和空间 8 节点六面体单元。

5.2　常应变四面体单元

典型的 4 节点四面体单元如图 5-1 所示。以 4 个角点 i、j、m、l 为节点，节点坐标分别为 (x_i, y_i, z_i)，(x_j, y_j, z_j)，(x_m, y_m, z_m)，(x_l, y_l, z_l)。每个节点有 3 个位移分量

$$\boldsymbol{a}_i = \begin{bmatrix} u_i \\ v_i \\ w_i \end{bmatrix} \quad (i = i, j, m, l) \tag{5-1}$$

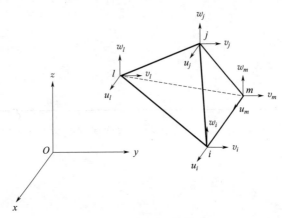

图 5-1 空间四面体单元

每个单元有 4 个节点，共有 12 个节点自由度

$$\boldsymbol{a}^{e} = \begin{bmatrix} \boldsymbol{a}_i \\ \boldsymbol{a}_j \\ \boldsymbol{a}_m \\ \boldsymbol{a}_l \end{bmatrix} = \begin{bmatrix} u_i & v_i & w_i & u_j & v_j & w_j & u_m & v_m & w_m & u_l & v_l & w_l \end{bmatrix}^{\mathrm{T}} \tag{5-2}$$

5.2.1　单元位移模式与形函数

对于 4 节点四面体单元，可以选取线性位移模式，即把单元中的位移分量 u、v、w 取为坐标 x、y、z 的线性函数

$$\begin{cases} u = \beta_1 + \beta_2 x + \beta_3 y + \beta_4 z \\ v = \beta_5 + \beta_6 x + \beta_7 y + \beta_8 z \\ w = \beta_9 + \beta_{10} x + \beta_{11} y + \beta_{12} z \end{cases} \tag{5-3}$$

其中，广义坐标

$$\boldsymbol{\beta} = \begin{bmatrix} \beta_1 & \beta_2 & \beta_3 & \beta_4 & \beta_5 & \beta_6 & \beta_7 & \beta_8 & \beta_9 & \beta_{10} & \beta_{11} & \beta_{12} \end{bmatrix}^{\mathrm{T}} \tag{5-4}$$

可由节点 i、j、m 和 l 的各个位移分量确定。在式(5-3)的第一式中代入节点 i 的坐标 (x_i, y_i, z_i) 可得到节点 i 在 x 方向的位移 u_i。按相同的处理方法，这样就得到：

$$\begin{cases} u_i = \beta_1 + \beta_2 x_i + \beta_3 y_i + \beta_4 z_i \\ u_j = \beta_1 + \beta_2 x_j + \beta_3 y_j + \beta_4 z_j \\ u_m = \beta_1 + \beta_2 x_m + \beta_3 y_m + \beta_4 z_m \\ u_l = \beta_1 + \beta_2 x_l + \beta_3 y_l + \beta_4 z_l \end{cases} \tag{5-5}$$

由克拉默法则求解上式可求得用单元节点位移表示的 β_1、β_2、β_3 和 β_4。对式(5-3)的后两式使用相同的方法得到全部的广义坐标 $\boldsymbol{\beta}$ 后再代回式(5-3)，可得到用节点位移表示的单元位移模式

$$\begin{cases} u=N_i u_i+N_j u_j+N_m u_m+N_l u_l \\ v=N_i v_i+N_j v_j+N_m v_m+N_l v_l \\ w=N_i w_i+N_j w_j+N_m w_m+N_l w_l \end{cases} \tag{5-6}$$

式中

$$\begin{cases} N_i=\dfrac{1}{6V}(a_i+b_i x+c_i y+d_i z) \\[2mm] N_j=-\dfrac{1}{6V}(a_j+b_j x+c_j y+d_j z) \\[2mm] N_m=\dfrac{1}{6V}(a_m+b_m x+c_m y+d_m z) \\[2mm] N_l=-\dfrac{1}{6V}(a_l+b_l x+c_l y+d_l z) \end{cases} \tag{5-7}$$

表示单元形函数，为坐标 x、y 和 z 的一次函数。V 为四面体 $ijml$ 的体积

$$V=\begin{vmatrix} 1 & x_i & y_i & z_i \\ 1 & x_j & y_j & z_j \\ 1 & x_m & y_m & z_m \\ 1 & x_l & y_l & z_l \end{vmatrix} \tag{5-8}$$

系数 a_i，b_i，c_i，d_i，…，d_l 取决于单元的 4 个节点坐标，分别为

$$\begin{cases} a_i=\begin{vmatrix} x_j & y_j & z_j \\ x_m & y_m & z_m \\ x_l & y_l & z_l \end{vmatrix}, b_i=-\begin{vmatrix} 1 & y_j & z_j \\ 1 & y_m & z_m \\ 1 & y_l & z_l \end{vmatrix} \\[6mm] c_i=\begin{vmatrix} 1 & x_j & z_j \\ 1 & x_m & z_m \\ 1 & x_l & z_l \end{vmatrix}, d_i=-\begin{vmatrix} 1 & x_j & y_j \\ 1 & x_m & y_m \\ 1 & x_l & y_l \end{vmatrix} \end{cases} \quad (i=i,j,m,l) \tag{5-9}$$

为使四面体的体积 V 不为负值，单元节点编码 i、j、m、l 必须依照一定的顺序，在右手坐标系中，当按照 $i \rightarrow j \rightarrow m$ 的方向转动时，右手螺旋应向 l 的方向前进，如图 5-1 所示的编码那样。

由式(5-6)，单元位移的矩阵表示是

$$
\boldsymbol{u} = \begin{bmatrix} u \\ v \\ w \end{bmatrix} = \begin{bmatrix} N_i & 0 & 0 & N_j & 0 & 0 & N_m & 0 & 0 & N_l & 0 & 0 \\ 0 & N_i & 0 & 0 & N_j & 0 & 0 & N_m & 0 & 0 & N_l & 0 \\ 0 & 0 & N_i & 0 & 0 & N_j & 0 & 0 & N_m & 0 & 0 & N_l \end{bmatrix} \begin{bmatrix} \boldsymbol{a}_i \\ \boldsymbol{a}_j \\ \boldsymbol{a}_m \\ \boldsymbol{a}_l \end{bmatrix}
$$

$$
= \boldsymbol{N} \boldsymbol{a}^{\textcircled{e}}
$$

$$(5\text{-}10)$$

其中
$$\boldsymbol{N} = \begin{bmatrix} N_i \boldsymbol{I} & N_j \boldsymbol{I} & N_m \boldsymbol{I} & N_l \boldsymbol{I} \end{bmatrix} \tag{5-11}$$

为形函数矩阵，$\boldsymbol{I}$ 为 3 阶单位阵。单元位移函数的线性性质，保证了位移在单元内和单元之间的连续性。

5.2.2　应变矩阵和应力矩阵

在空间问题中，每个节点具有 6 个应变分量，见几何方程式(2-6)。将位移表达式(5-10) 代入式(2-6)，得到单元应变

$$\boldsymbol{\varepsilon} = \boldsymbol{B} \boldsymbol{a}^{\textcircled{e}} = \begin{bmatrix} \boldsymbol{B}_i & -\boldsymbol{B}_j & \boldsymbol{B}_m & -\boldsymbol{B}_l \end{bmatrix} \boldsymbol{a}^{\textcircled{e}} \tag{5-12}$$

$\boldsymbol{B}$ 为应变矩阵，其每个分块子矩阵为 6×3 的矩阵

$$
\boldsymbol{B}_r = \frac{1}{6V} \begin{bmatrix} b_r & 0 & 0 \\ 0 & c_r & 0 \\ 0 & 0 & d_r \\ c_r & b_r & 0 \\ 0 & d_r & c_r \\ d_r & 0 & b_r \end{bmatrix} \quad (r = i, j, m, l) \tag{5-13}
$$

由于应变矩阵 $\boldsymbol{B}$ 中的元素皆为常量，所以称这种 4 节点四面体单元为常应变四面体单元。考虑温度变化的影响，将表达式(5-12) 代入物理方程式(2-13)，得到用单元节点位移表示的单元应力

$$\boldsymbol{\sigma} = \boldsymbol{D}(\boldsymbol{\varepsilon} - \boldsymbol{\varepsilon}_0) = \boldsymbol{D} \boldsymbol{B} \boldsymbol{a}^{\textcircled{e}} - \boldsymbol{\sigma}_0 = \boldsymbol{S} \boldsymbol{a}^{\textcircled{e}} - \boldsymbol{\sigma}_0 \tag{5-14}$$

$\boldsymbol{S}$ 为单元应力矩阵，将 $\boldsymbol{D}$ 及 $\boldsymbol{B}$ 的表达式式(2-12) 和式(5-12) 代入式(5-14)，得到应力矩阵

$$\boldsymbol{S} = \boldsymbol{D} \begin{bmatrix} \boldsymbol{B}_i & -\boldsymbol{B}_j & \boldsymbol{B}_m & -\boldsymbol{B}_i \end{bmatrix} = \begin{bmatrix} \boldsymbol{S}_i & -\boldsymbol{S}_j & \boldsymbol{S}_m & -\boldsymbol{S}_i \end{bmatrix} \tag{5-15}$$

其中分块子矩阵为

$$S_r = \frac{E(1-\mu)}{6(1+\mu)(1-2\mu)V} \begin{bmatrix} b_r & \frac{\mu}{1-\mu}c_r & \frac{\mu}{1-\mu}d_r \\[2mm] \frac{\mu}{1-\mu}b_r & c_r & \frac{\mu}{1-\mu}d_r \\[2mm] \frac{\mu}{1-\mu}b_r & \frac{\mu}{1-\mu}c_r & d_r \\[2mm] \frac{1-2\mu}{2(1-\mu)}c_r & \frac{1-2\mu}{2(1-\mu)}b_r & 0 \\[2mm] 0 & \frac{1-2\mu}{2(1-\mu)}d_r & \frac{1-2\mu}{2(1-\mu)}c_r \\[2mm] \frac{1-2\mu}{2(1-\mu)}d_r & 0 & \frac{1-2\mu}{2(1-\mu)}b_r \end{bmatrix} \quad (r=i,j,m,l) \tag{5-16}$$

显然，在每个单元中，应力也是常量。

5.2.3　有限元方程的建立

利用第 2 章介绍的虚功原理，通过与弹性力学平面问题完全相似的推导，离散模型整体结构所要求的平衡方程为

$$Ka = P \tag{5-17}$$

这里，a、K 和 P 分别为结构节点位移列阵、结构整体刚度矩阵以及结构节点载荷列阵

$$a = \sum_1^n a^e = \begin{bmatrix} u_1 & v_1 & w_1 & \cdots & u_i & v_i & w_i & \cdots & u_n & v_n & w_n \end{bmatrix}^T \tag{5-18}$$

$$P = \sum_1^n P^e = \begin{bmatrix} X_1 & Y_1 & Z_1 & \cdots & X_i & Y_i & Z_i & \cdots & X_n & Y_n & Z_n \end{bmatrix}^T \tag{5-19}$$

$$K = \sum_e^n K^e \tag{5-20}$$

n 为结构的节点数，K^e 为单元刚度矩阵

$$K^e = \int B^T DB \, dx \, dy \, dz \tag{5-21}$$

此式可视为单元刚度矩阵的普遍公式。对于 4 节点四面体单元，由于应变矩阵 B 是常量阵，因此单元刚度矩阵又可写为

$$K^e = B^T DBV \tag{5-22}$$

把单元刚度矩阵表示成按节点分块的形式

$$\boldsymbol{K}^{@} = \begin{bmatrix} K_{ii} & -K_{ij} & K_{im} & -K_{il} \\ -K_{ji} & K_{jj} & -K_{jm} & K_{jl} \\ K_{mi} & -K_{mj} & K_{mm} & -K_{ml} \\ -K_{li} & K_{lj} & -K_{lm} & K_{ll} \end{bmatrix} \tag{5-23}$$

其中任一分块$\boldsymbol{K}_{rs}$由式(5-24)计算

$$\boldsymbol{K}_{rs} = \boldsymbol{B}_r^{\mathrm{T}} \boldsymbol{D} \boldsymbol{B}_s V = \frac{E(1-\mu)}{36V(1+\mu)(1-2\mu)} \begin{bmatrix} K_1 & K_4 & K_7 \\ K_2 & K_5 & K_8 \\ K_3 & K_6 & K_9 \end{bmatrix} (r,s=i,j,m,l) \tag{5-24}$$

式中

$$\begin{cases} K_1 = b_r b_s + A_2(c_r c_s + d_r d_s) \\ K_2 = A_1 c_r b_s + A_2 b_r c_s \\ K_3 = A_1 d_r b_s + A_2 b_r d_s \\ K_4 = A_1 b_r c_s + A_2 c_r b_s \\ K_5 = c_r c_s + A_2(b_r b_s + d_r d_s) \\ K_6 = A_1 d_r c_s + A_2 c_r d_s \\ K_7 = A_1 b_r d_s + A_2 d_r b_s \\ K_8 = A_1 c_r d_r + A_2 d_r c_r \\ K_9 = d_r d_s + A_2(b_r b_s + c_r c_s) \end{cases} \tag{5-25}$$

A_1和A_2为两个常数

$$A_1 = \frac{\mu}{1-\mu}, A_2 = \frac{1-2\mu}{2(1-\mu)} \tag{5-26}$$

式(5-19)中

$$\boldsymbol{P}^{@} = \boldsymbol{P}_\tau^{@} + \boldsymbol{P}_b^{@} + \boldsymbol{P}_S^{@} + \boldsymbol{P}_F^{@} \tag{5-27}$$

$\boldsymbol{P}^{@}$为总的单元等效节点载荷列阵，其中$\boldsymbol{P}_\tau^{@}$为由初应变$\boldsymbol{\varepsilon}_0$引起的单元等效节点载荷列阵

$$\boldsymbol{P}_\tau^{@} = \int_{\Omega^{@}} \boldsymbol{B}^{\mathrm{T}} \boldsymbol{D} \boldsymbol{\varepsilon}_0 \, \mathrm{d}x \, \mathrm{d}y \, \mathrm{d}z \tag{5-28}$$

$\boldsymbol{P}_b^{@}$为分布体积力

$$\boldsymbol{f} = \begin{bmatrix} X & Y & Z \end{bmatrix}^{\mathrm{T}} \tag{5-29}$$

引起的单元等效节点载荷列阵。即

$$\boldsymbol{P}_b^{@} = \int_{\Omega^r} \boldsymbol{N}^{\mathrm{T}} \boldsymbol{f} \, \mathrm{d}x \, \mathrm{d}y \, \mathrm{d}z \tag{5-30}$$

$\boldsymbol{P}_S^{@}$为由作用在单元某边界面上的分布面积力

$$\overline{\boldsymbol{f}} = \begin{bmatrix} \overline{X} & \overline{Y} & \overline{Z} \end{bmatrix}^{\mathrm{T}} \tag{5-31}$$

引起的单元等效节点载荷列阵。即

$$\boldsymbol{P}_S^{\textcircled{e}} = \int_{S^r} \boldsymbol{N}^\mathrm{T} \overline{\boldsymbol{f}} \mathrm{d}S \tag{5-32}$$

$\mathrm{d}S$ 为该边界面上的微分面积。作用在单元某点上的集中力

$$\boldsymbol{F} = \begin{bmatrix} F_x & F_y & F_z \end{bmatrix}^\mathrm{T} \tag{5-33}$$

引起的单元等效节点载荷列阵

$$\boldsymbol{P}_F^{\textcircled{e}} = \boldsymbol{N}^\mathrm{T} \boldsymbol{F} \tag{5-34}$$

式(5-27)~式(5-30)为计算单元等效节点载荷的普遍公式。

对作用于单元上的集中载荷，可根据载荷作用位置的坐标，由式(5-7)得到形函数矩阵后，直接代入式(5-33)进行等效。

关于结构刚度矩阵和结构节点载荷列阵的集成，边界条件的引入以及方程的求解同上一章介绍的平面问题 3 节点三角形单元完全类似，不再赘述。

4 节点四面体单元对边界拟合的能力较强，但单元划分比较复杂，而且计算精度较低。下面介绍另一种单元——空间 8 节点六面体单元。

5.3　空间 8 节点六面体单元

如图 5-2 所示，空间 8 节点六面体单元是以六面体的 8 个角点 i、j、k、l、m、n、p、q 为节点的单元，节点坐标分别为 (x_i, y_i, z_i)、(x_j, y_j, z_j)、(x_k, y_k, z_k)、(x_l, y_l, z_l)、(x_m, y_m, z_m)、(x_n, y_n, z_n)、(x_p, y_p, z_p)、(x_q, y_q, z_q)。由于每个节点有 3 个自由度

$$\boldsymbol{a}_r = \begin{bmatrix} u_r \\ v_r \\ w_r \end{bmatrix} \quad (r = i, j, k, l, m, n, p, q) \tag{5-35}$$

因此，这种单元共有 24 个节点自由度。

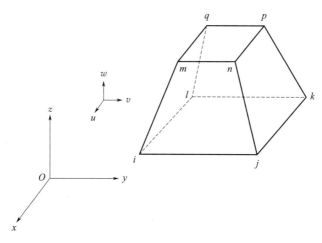

图 5-2　空间 8 节点六面体单元

$$a^{\textcircled{e}}=\begin{Bmatrix} a_i \\ a_j \\ a_k \\ a_l \\ a_m \\ a_n \\ a_p \\ a_q \end{Bmatrix}=\begin{bmatrix} u_i & v_i & w_i & v_j & w_j & \cdots & u_p & v_p & w_p & u_q & v_q & w_q \end{bmatrix}^{\mathrm{T}} \tag{5-36}$$

5.3.1　单元位移模式与形函数

空间 8 节点六面体单元的位移函数可以假设为

$$u=\begin{bmatrix} \boldsymbol{\Phi} & 0 & 0 \\ 0 & \boldsymbol{\Phi} & 0 \\ 0 & 0 & \boldsymbol{\Phi} \end{bmatrix}\boldsymbol{\beta} \tag{5-37}$$

其中

$$\boldsymbol{\beta}=\begin{bmatrix} \beta_1 & \beta_2 & \cdots & \beta_{24} \end{bmatrix}^{\mathrm{T}} \tag{5-38}$$

为广义坐标。而

$$\boldsymbol{\Phi}=\begin{bmatrix} 1 & x & y & z & xy & xz & yz & xyz \end{bmatrix} \tag{5-39}$$

式(5-39)表明，以多项式描述的单元位移函数中包含了一次和二次的全部项，以及一个三次项。为便于求解广义坐标 $\boldsymbol{\beta}$，采用另外一种单元节点位移排列方法

$$\widetilde{\boldsymbol{a}^{\textcircled{e}}}=\begin{bmatrix} \boldsymbol{a}_u^{\textcircled{e}} \\ \boldsymbol{a}_v^{\textcircled{e}} \\ \boldsymbol{a}_w^{\textcircled{e}} \end{bmatrix} \tag{5-40}$$

这里

$$\boldsymbol{a}_u^{\textcircled{e}}=\begin{bmatrix} u_i \\ u_j \\ u_k \\ u_l \\ u_m \\ u_n \\ u_p \\ u_q \end{bmatrix}, \boldsymbol{a}_v^{\textcircled{e}}=\begin{bmatrix} v_i \\ v_j \\ v_k \\ v_l \\ v_m \\ v_n \\ v_p \\ v_q \end{bmatrix}, \boldsymbol{a}_w^{\textcircled{e}}=\begin{bmatrix} w_i \\ w_j \\ w_k \\ w_l \\ w_m \\ w_n \\ w_p \\ w_q \end{bmatrix} \tag{5-41}$$

同时将广义坐标也表达为

$$\boldsymbol{\beta} = \begin{bmatrix} \boldsymbol{\beta}_u \\ \boldsymbol{\beta}_v \\ \boldsymbol{\beta}_w \end{bmatrix} \tag{5-42}$$

式中

$$\boldsymbol{\beta}_u = \begin{bmatrix} \beta_1 \\ \beta_2 \\ \beta_3 \\ \beta_4 \\ \beta_5 \\ \beta_6 \\ \beta_7 \\ \beta_8 \end{bmatrix}, \boldsymbol{\beta}_v = \begin{bmatrix} \beta_9 \\ \beta_{10} \\ \beta_{11} \\ \beta_{12} \\ \beta_{13} \\ \beta_{14} \\ \beta_{15} \\ \beta_{16} \end{bmatrix}, \boldsymbol{\beta}_w = \begin{bmatrix} \beta_{17} \\ \beta_{18} \\ \beta_{19} \\ \beta_{20} \\ \beta_{21} \\ \beta_{22} \\ \beta_{23} \\ \beta_{24} \end{bmatrix} \tag{5-43}$$

于是有位移模式

$$\begin{bmatrix} \boldsymbol{a}_u^{\textcircled{e}} \\ \boldsymbol{a}_v^{\textcircled{e}} \\ \boldsymbol{a}_w^{\textcircled{e}} \end{bmatrix} = \begin{bmatrix} \boldsymbol{\Phi} & 0 & 0 \\ 0 & \boldsymbol{\Phi} & 0 \\ 0 & 0 & \boldsymbol{\Phi} \end{bmatrix} \begin{bmatrix} \boldsymbol{\beta}_u \\ \boldsymbol{\beta}_v \\ \boldsymbol{\beta}_w \end{bmatrix} \tag{5-44}$$

首先研究与各节点对应的水平位移分量，其他位移分量以此类推。在上式中代入各节点的坐标，得到

$$\boldsymbol{a}_u^{\textcircled{e}} = \boldsymbol{A}\boldsymbol{\beta}_u \tag{5-45}$$

其中，$\boldsymbol{A}$ 为由单元各节点坐标组成的 8×8 矩阵

$$\boldsymbol{A} = \begin{bmatrix} 1 & x_i & y_i & z_i & x_iy_i & x_iz_i & y_iz_i & x_iy_iz_i \\ 1 & x_j & y_j & z_j & x_jy_j & x_jz_j & y_jz_j & x_jy_jz_j \\ 1 & x_k & y_k & z_k & x_ky_k & x_kz_k & y_kz_k & x_ky_kz_k \\ 1 & x_l & y_l & z_l & x_ly_l & x_lz_l & y_lz_l & x_ly_lz_l \\ 1 & x_m & y_m & z_m & x_my_m & x_mz_m & y_mz_m & x_my_mz_m \\ 1 & x_n & y_n & z_n & x_ny_n & x_nz_n & y_nz_n & x_ny_nz_n \\ 1 & x_p & y_p & z_p & x_py_p & x_pz_p & y_pz_p & x_py_pz_p \\ 1 & x_q & y_q & z_q & x_qy_q & x_qz_q & y_qz_q & x_qy_qz_q \end{bmatrix} \tag{5-46}$$

式(5-45) 等号两边同乘 $\boldsymbol{A}^{-1}$，得到广义坐标 $\boldsymbol{\beta}_u$。

$$\boldsymbol{\beta}_u = \boldsymbol{A}^{-1}\boldsymbol{a}_u^{\textcircled{e}} \tag{5-47}$$

将式(5-47) 代入式(5-44)，得到用单元节点位移表示的水平位移分量

$$\boldsymbol{u} = \boldsymbol{\Phi}\boldsymbol{A}^{-1}\boldsymbol{a}_u^{\textcircled{e}} \tag{5-48}$$

或写成

$$\boldsymbol{u} = \widetilde{\boldsymbol{N}}\boldsymbol{a}_u^{\textcircled{e}} \tag{5-49}$$

其中

$$\widetilde{\boldsymbol{N}} = \boldsymbol{\Phi}\boldsymbol{A}^{-1} \tag{5-50}$$

为 1×8 行向量

$$\widetilde{N} = [N_i \quad N_j \quad N_k \quad N_l \quad N_m \quad N_n \quad N_p \quad N_q] \tag{5-51}$$

利用类似推导，得到由单元节点位移表示的 y 方向和 z 方向的位移分量

$$v = \widetilde{N} a_v^e \tag{5-52}$$

$$w = \widetilde{N} a_w^e \tag{5-53}$$

将式(5-49)、式(5-52) 及式(5-53) 统一写为矩阵形式

$$u = \begin{bmatrix} u \\ v \\ w \end{bmatrix} = \widetilde{N} \begin{bmatrix} a_u^e \\ a_v^e \\ a_w^e \end{bmatrix} \tag{5-54}$$

下面仍然回到单元节点位移的惯用排列方式，即式(5-36)。这时，式(5-54) 可以等价地改写为

$$u = N a^e \tag{5-55}$$

式中，N 为形函数矩阵

$$N = [N_i I \quad N_j I \quad N_k I \quad N_l I \quad N_m I \quad N_n I \quad N_p I \quad N_q I] \tag{5-56}$$

I 为 3 阶单位阵。

5.3.2　应变矩阵和应力矩阵

单元位移确定后，由几何方程式(2-6)，单元应变可表示为

$$\varepsilon = Lu = LNa^e = Ba^e \tag{5-57}$$

式中，B 为 6×24 阶几何矩阵。

$$B = LN = L[N_i I \quad N_j I \quad N_k I \quad N_l I \quad N_m I \quad N_n I \quad N_p I \quad N_q I] \tag{5-58}$$

为清晰起见，将微分算子矩阵 L 的表达式代入式(5-58)，则有

$$B = \begin{bmatrix} \dfrac{\partial}{\partial x} & 0 & 0 \\[2mm] 0 & \dfrac{\partial}{\partial y} & 0 \\[2mm] 0 & 0 & \dfrac{\partial}{\partial z} \\[2mm] \dfrac{\partial}{\partial y} & \dfrac{\partial}{\partial x} & 0 \\[2mm] 0 & \dfrac{\partial}{\partial z} & \dfrac{\partial}{\partial y} \\[2mm] \dfrac{\partial}{\partial z} & 0 & \dfrac{\partial}{\partial x} \end{bmatrix} [N_i I \quad N_j I \quad N_k I \quad N_l I \quad N_m I \quad N_n I \quad N_p I \quad N_q I] \tag{5-59}$$

借助计算机代数系统或手工运算，可直接对上式进行微分运算。不计温度变化的影响，将表达式(5-57) 代入物理方程式(2-13)，得到用单元节点位移表示的单元应力

$$\sigma = D\varepsilon = DBa^e = Sa^e \tag{5-60}$$

式中 $$S=DB \tag{5-61}$$

为单元应力矩阵，可通过将 D 及 B 的表达式式（2-12）和式（5-59）代入而获得其具体表达式。

5.3.3 单元刚度矩阵和载荷阵列

求得几何矩阵后，直接利用 5.2.3 小节给出的普遍公式通过数值积分，求得单元刚度矩阵

$$K^{e}=\int_{\Omega^{e}} B^{\mathrm{T}}DB\,\mathrm{d}x\,\mathrm{d}y\,\mathrm{d}z \tag{5-62}$$

显然，空间 8 节点六面体单元的单元刚度矩阵为 24×24 阶矩阵。非节点载荷的单元等效节点载荷列阵自然应为 24 阶列阵，其等效过程可按下列普遍公式进行。

分布体积力 f 引起的单元等效节点载荷列阵

$$P_{b}^{e}=\int_{\Omega^{e}} N^{\mathrm{T}}f\,\mathrm{d}x\,\mathrm{d}y\,\mathrm{d}z \tag{5-63}$$

分布面积力 $\overline{f}$ 引起的单元等效节点载荷列阵

$$P_{S}^{e}=\int_{S^{e}} N^{\mathrm{T}}\overline{f}\,\mathrm{d}S \tag{5-64}$$

集中力 F 引起的单元等效节点载荷列阵

$$P_{F}^{e}=N^{\mathrm{T}}F \tag{5-65}$$

5.4 算例分析与 ANSYS 应用

【例 5-1】 如图 5-3 所示立方体，几何尺寸为 $10\mathrm{m}\times10\mathrm{m}\times20\mathrm{m}$，立方体的底部固定，顶部一角点处作用有图示沿着三个坐标轴方向的集中载荷。已知材料的弹性模量和泊松比分别为 $E=300\mathrm{GPa}$，$\mu=0.3$，试利用空间 8 节点六面体单元计算各个节点位移和单元应力。

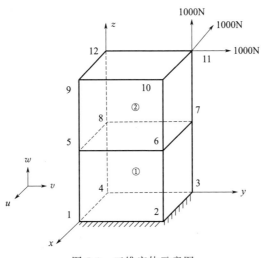

图 5-3 三维实体示意图

将所讨论的对象划分为两个空间 8 节点六面体单元，单元和节点编码都已标在图 5-3 中。根据模型示意图，节点的位移边界条件应为

$$u_i = v_i = w_i = 0 \quad (i = 1, \cdots, 4) \tag{5-66}$$

与 3.6.2 小节类似，启动软件后，按照以下流程建立模型并分析计算：

(1) 创建材料

按照 3.6.2 小节的方法创建材料，选择创建各向同性材料，弹性模量取 "3E＋011"，泊松比取 "0.3"，如图 5-4 所示。

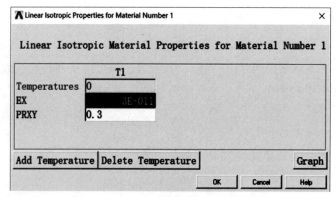

图 5-4   设置材料属性

(2) 选择单元

采用界面交互方式选择单元类型：依次点击路径 "Main menu" ＞ "Preprocessor" ＞ "Element Type" ＞ "Add/Edit/Delete"，弹出的交互界面如图 5-5 所示，这里选择 "Solid185"，该单元是空间 8 节点的线性体单元。

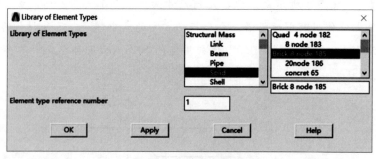

图 5-5   创建单元类型

采用命令行的方式选择单元类型，可以在命令行窗口中依次输入以下语句：

```
ET,1,SOLID185
```

(3) 创建模型

a）创建节点

创建节点的界面交互操作方式为 "Main menu" ＞ "Preprocessor" ＞ "Modeling" ＞ "Create" ＞ "Nodes"，如图 5-6 所示。

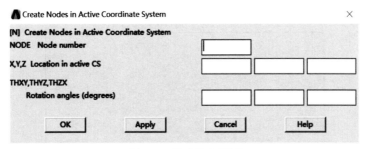

图 5-6　创建节点界面

按照【例 5-1】题意，创建节点坐标如表 5-1 所示。

表 5-1　节点坐标

节点编号	x	y	z	节点编号	x	y	z
1	10	0	0	7	0	10	10
2	10	10	0	8	0	0	10
3	0	10	0	9	10	0	20
4	0	0	0	10	10	10	20
5	10	0	10	11	0	10	20
6	10	10	10	12	0	0	20

采用命令行的方式创建节点，可在命令行窗口中依次输入以下语句：

N,1,10,0,0

N,2,10,10,0

N,3,0,10,0

N,4,0,0,0

N,5,10,0,10

N,6,10,10,10

N,7,0,10,10

N,8,0,0,10

N,9,10,0,20

N,10,10,10,20

N,11,0,10,20

N,12,0,0,20

生成节点的效果如图 5-7 所示。

b）创建单元

创建单元的界面交互操作方式为："Main menu" > "Preprocessor" > "Modeling" > "Create" > "Auto Numbered" > "Thru Nodes"，打开节点选择窗口，依次点击节点 "1" "2" "3" "4" "5" "6" "7" "8" "Apply" "5" "6" "7" "8" "9" "10" "11" "12"

"Apply",生成网格如图 5-8 所示。

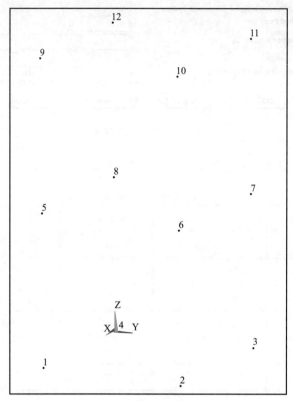

图 5-7　创建的节点

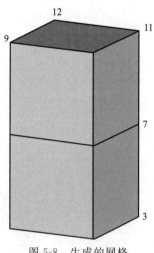

图 5-8　生成的网格

采用命令行的方式创建单元,可以在命令行窗口中依次输入以下语句:

E,1,2,3,4,5,6,7,8! 定义各个单元 E,5,6,7,8,9,10,11,12

(4) 创建约束与载荷

在 1、2、3、4 号节点处设置位移约束,都约束 x、y、z 方向的位移。在 11 号节点上分别在—x、y、z方向上各施加1000N的载荷。采用界面交互方式创建约束与载荷：依次点击路径"Main menu">"Preprocessor">"Loads">"Define Loads">"Apply">"Structural">"Force/M">"On Nodes"。

采用命令行的方式创建约束与载荷，可以在命令行窗口中依次输入以下语句：

```
D,1,ALL
D,2,ALL
D,3,ALL
D,4,ALL
F,11,FX,—1000
F,11,FY,1000
F,11,FZ,1000
```

生成的约束与载荷如图5-9所示。

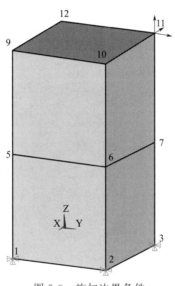

图5-9 施加边界条件

（5）求解

采用界面交互方式进行计算求解设置：依次点击路径"Main menu">"Solution">"Analysis Type">"New Analysis"，选择"static"，再点击"Main menu">"Solution">"Solve">"Current LS"，点击"OK"并开始计算。

计算完成后，弹出"Solution is done!"对话框。

（6）查看结果

用类似3.6.2小节的方法可以查看节点位移、节点应力、单元应力等计算结果。

节点位移结果和单元应力结果如图5-10和图5-11所示。

各节点位移分量结果如图5-12所示。

两个单元上各节点的应力分量结果如图5-13所示。

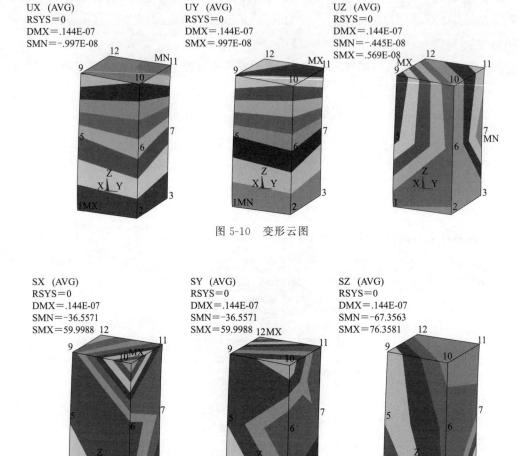

图 5-10　变形云图

图 5-11　应力云图

THE FOLLOWING DEGREE OF FREEDOM RESULTS ARE IN THE GLOBAL COORDINATE SYSTEM

NODE	UX	UY	UZ	USUM
1	0.0000	0.0000	0.0000	0.0000
2	0.0000	0.0000	0.0000	0.0000
3	0.0000	0.0000	0.0000	0.0000
4	0.0000	0.0000	0.0000	0.0000
5	-0.30032E-08	0.30032E-08	0.48930E-08	0.64791E-08
6	-0.37585E-08	0.33930E-08	0.57952E-09	0.50966E-08
7	-0.26534E-08	0.26534E-08	-0.44484E-08	0.58198E-08
8	-0.33930E-08	0.37585E-08	0.57952E-09	0.50966E-08
9	-0.90286E-08	0.90286E-08	0.56938E-08	0.13980E-07
10	-0.76429E-08	0.76901E-08	-0.15587E-09	0.10843E-07
11	-0.99745E-08	0.99745E-08	-0.30261E-08	0.14427E-07
12	-0.76901E-08	0.76429E-08	-0.15587E-09	0.10843E-07

图 5-12　各节点位移分量结果

THE FOLLOWING X, Y, Z VALUES ARE IN GLOBAL COORDINATES

ELEMENT=	1		SOLID185			
NODE	SX	SY	SZ	SXY	SYZ	SXZ
1	−36.557	−36.557	76.358	0.72833E-11	34.652	−34.652
2	−3.3766	−3.3766	9.9969	0.11102E-14	39.150	−43.368
3	35.300	35.300	−67.356	−0.72971E-11	30.616	−30.616
4	−3.3766	−3.3766	9.9969	0.11102E-14	43.368	−39.150
5	−33.558	−33.558	70.360	−17.432	−15.119	15.119
6	−23.378	11.123	15.499	−0.18172	−10.621	14.647
7	26.799	26.799	−50.354	17.069	−27.399	27.399
8	11.123	−23.378	15.499	0.18172	−14.647	10.621

ELEMENT=	2		SOLID185			
NODE	SX	SY	SZ	SXY	SYZ	SXZ
5	5.0135	5.0135	14.497	−17.432	19.754	−19.754
6	−6.1697	28.331	2.3634	−0.18172	−0.18891	13.195
7	−11.267	−11.267	47.059	17.069	26.460	−26.460
8	28.331	−6.1697	2.3634	−0.18172	−13.195	0.18891
9	−8.2817	−8.2817	41.088	31.979	2.0283	−2.0283
10	59.999	−24.696	−10.778	−10.369	−17.915	−11.701
11	15.170	15.170	−5.8147	−52.717	51.356	−51.356
12	−24.696	59.999	−10.778	−10.369	11.701	17.915

图 5-13　两个单元上各节点应力分量结果

 习题

5-1　如图 5-14 所示的纯弯曲矩形截面悬臂梁，几何尺寸为 $1.0\text{m} \times 0.2\text{m} \times 0.2\text{m}$，梁的左端固定，右端作用有端部弯矩 $1.0\text{kN} \cdot \text{m}$。已知材料的弹性模量和泊松比分别为 $E = 200\text{GPa}$，$\mu = 0.3$，试利用空间 8 节点六面体单元计算节点位移和单元应力。

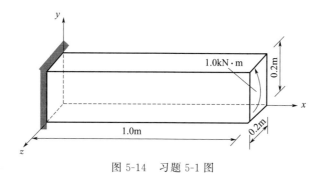

图 5-14　习题 5-1 图

6 线性方程组解法

教学目标

线性方程组反映数量之间的线性关系，有限元法分析到最后总是归结为解线性代数方程组。本章主要介绍求解线性方程组的基本方法和原理。

重点和难点

克拉默法则
高斯消元法及其派生方法

6.1 引言

由前面的讲述可知，有限元法分析到最后总是归结为解线性代数方程组 $K\delta = F$，因此，为更深入地理解和掌握有限元法，必须熟悉线性代数方程组的解法。

有限元法的求解效率很大程度上取决于线性代数方程组的解法（包括 K 矩阵的存储方式），因为在有限元法的整个求解中解线性代数方程组的时长占了很大的比例。当单元增多、网格加密、未知数成倍增加时，尤为如此。尽管在数学中有许多求解线性代数方程组的方法，但为了提高求解效率，许多学者在前人工作的基础上，结合整体刚度矩阵的特性（大型、对称、带状、稀疏、正定、主元占优势），研究出了许多实用的方法。

常用的线性代数方程组的解法有两大类：直接解法和迭代解法。

直接解法都以高斯消元法为基础，求解效率高，在方程阶数不是特别高时（如不超过 10000 阶），通常都采用这种方法。当方程组的阶数过高时，由于计算机有效位数的限制，消元法中的舍入误差和有效位数的损失将会影响方程求解的精度，此时多用迭代法。迭代法有赛德尔迭代法和超松弛迭代法。本章重点介绍几种常用的直接和迭代计算方法。

6.2 克拉默法则和矩阵方法

6.2.1 克拉默法则

给定含有 n 个未知量 x_1、x_2、$\cdots$、x_n 的 n 个线性方程

$$\begin{cases} a_{11}x_1+a_{12}x_2+\cdots+a_{1n}x_n=b_1 \\ a_{21}x_1+a_{22}x_2+\cdots+a_{2n}x_n=b_2 \\ \qquad\qquad\qquad\vdots \\ a_{n1}x_1+a_{n2}x_2+\cdots+a_{nn}x_n=b_n \end{cases} \tag{6-1}$$

把式(6-1)中 x_1、x_2、$\cdots$、x_n 的系数行列式记作

$$A=\begin{vmatrix} a_{11} & a_{12} & \cdots & a_{1n} \\ a_{21} & a_{22} & \cdots & a_{2n} \\ \vdots & \vdots & & \vdots \\ a_{n1} & a_{n2} & \cdots & a_{nn} \end{vmatrix}$$

应用行列式按一列（行）展开定理和消元定理，用 A 的代数余子式 A_{1j}、A_{2j}、$\cdots$、A_{nj} 分别去乘式(6-1)的第 1 式，第 2 式、$\cdots$、第 n 式，则得到

$$a_{11}A_{1j}x_1+\cdots+a_{1j}A_{1j}x_j+\cdots+a_{1n}A_{1j}x_n=b_1A_{1j}$$

$$a_{21}A_{2j}x_1+\cdots+a_{2j}A_{2j}x_j+\cdots+a_{2n}A_{2j}x_n=b_2A_{2j}$$

$$\vdots$$

$$a_{n1}A_{nj}x_1+\cdots+a_{nj}A_{nj}x_j+\cdots+a_{nn}A_{nj}x_n=b_nA_{nj}$$

把上列 n 个式子相加，则 x_j 的系数为

$$a_{1j}A_{1j}+a_{2j}A_{2j}+\cdots+a_{nj}A_{nj}=A$$

而 x_i（$i\neq j$）的系数都等于零，令

$$\overset{\displaystyle (j)}{B_j=b_1A_{1j}+b_2A_{2j}+\cdots+b_nA_{nj}=\begin{vmatrix} a_{11} & a_{12} & \cdots & b_1 & \cdots & a_{1n} \\ a_{21} & a_{22} & \cdots & b_2 & \cdots & a_{2n} \\ \vdots & \vdots & & \vdots & & \vdots \\ a_{n1} & a_{n2} & \cdots & b_n & \cdots & a_{nn} \end{vmatrix}}$$

那么，当 $A\neq0$ 时，有

$$x_j=\frac{B_j}{A} \quad (j=1,\ 2,\ \cdots,\ n)$$

6.2.2　矩阵方法

同样可以采用矩阵方法，令矩阵

$$\boldsymbol{A}=\begin{bmatrix} a_{11} & a_{12} & \cdots & a_{1n} \\ a_{21} & a_{22} & \cdots & a_{2n} \\ \vdots & \vdots & & \vdots \\ a_{n1} & a_{n2} & \cdots & a_{nn} \end{bmatrix},\ \boldsymbol{X}=\begin{bmatrix} x_1 \\ x_2 \\ \vdots \\ x_n \end{bmatrix},\ \boldsymbol{B}=\begin{bmatrix} b_1 \\ b_2 \\ \vdots \\ b_n \end{bmatrix}$$

那么，线性方程组式(6-1) 可以简洁地表示为矩阵形式

$$AX = B \qquad (6\text{-}2)$$

矩阵 A 称为方程组的系数矩阵，X 称为未知量矩阵，B 称为常数项矩阵。如果 A 是非奇异矩阵，即 $|A| \neq 0$，则用 A^{-1} 左乘式(6-2)，得

$$A^{-1}AX = A^{-1}B$$

那么有

$$X = A^{-1}B$$

由此可见，解 n 元线性代数方程组可归结为求方程组的系数矩阵的逆阵问题。由于

$$A^{-1} = \frac{A^*}{|A|}$$

其中伴随矩阵

$$A^* = \begin{bmatrix} A_{11} & A_{21} & \cdots & A_{n1} \\ A_{12} & A_{22} & \cdots & A_{n2} \\ \vdots & \vdots & & \vdots \\ A_{1n} & A_{2n} & \cdots & A_{nn} \end{bmatrix}$$

所以

$$A^{-1}B = \begin{bmatrix} A_{11} & A_{21} & \cdots & A_{n1} \\ A_{12} & A_{22} & \cdots & A_{n2} \\ \vdots & \vdots & & \vdots \\ A_{1n} & A_{2n} & \cdots & A_{nn} \end{bmatrix} \begin{bmatrix} b_1 \\ b_2 \\ \vdots \\ b_n \end{bmatrix} \frac{1}{|A|} = \begin{bmatrix} B_1 \\ B_2 \\ \vdots \\ B_n \end{bmatrix} \frac{1}{|A|}$$

其中

$$B_j = b_1 A_{1j} + b_2 A_{2j} + \cdots + b_n A_{nj}$$

从而有

$$\begin{bmatrix} x_1 \\ x_2 \\ \vdots \\ x_n \end{bmatrix} = \frac{1}{|A|} \begin{bmatrix} B_1 \\ B_2 \\ \vdots \\ B_n \end{bmatrix}$$

因此

$$x_j = \frac{B_j}{|A|} \quad (j = 1, 2, \cdots, n)$$

由于

$$|A| = A$$

这样就得到了

$$x_j = \frac{B_j}{A} \qquad (6\text{-}3)$$

由此可见，用矩阵求逆（逆阵用伴随矩阵表示）方法解 n 元线性方程组与用克拉默法则是一致的，而矩阵方法在表达上更简洁。

但是，本节所介绍的 n 元线性代数方程组的计算方法，即克拉默法则和矩阵求逆的计算方法，对于阶数较高的 n 元线性方程组来说，用公式(6-3)计算很不实际。因为一个 n 阶行列式中有 $n!$ 项，而每一项又是 n 个数的乘积，不仅舍入误差对计算结果的精度影响较大，而且运算量大得惊人。因此需要寻求其他较为简便的计算方法。

6.3　高斯消元法

6.3.1　满阵存储的高斯消元法

设线性代数方程组 $\boldsymbol{K\delta} = \boldsymbol{F}$ 有如下形式：

$$
\begin{bmatrix}
k_{11}^0 & k_{12}^0 & \cdots & k_{1n}^0 \\
k_{21}^0 & k_{22}^0 & \cdots & k_{2n}^0 \\
\vdots & \vdots & & \vdots \\
k_{i1}^0 & k_{i2}^0 & \cdots & k_{in}^0 \\
\vdots & \vdots & & \vdots \\
k_{n1}^0 & k_{n2}^0 & \cdots & k_{nn}^0
\end{bmatrix}
\begin{bmatrix}
x_1 \\ x_2 \\ \vdots \\ x_i \\ \vdots \\ x_n
\end{bmatrix}
=
\begin{bmatrix}
F_1^0 \\ F_2^0 \\ \vdots \\ F_i^0 \\ \vdots \\ F_n^0
\end{bmatrix}
\quad
\begin{matrix}
(1)^0 \\ (2)^0 \\ \vdots \\ (i)^0 \\ \vdots \\ (n)^0
\end{matrix}
\tag{6-4}
$$

下面以该式为例推导消元法公式，并理出编程思路。

（1）消元过程

第 1 轮消元。式 $(1)^0$ 保持不变，利用式 $(1)^0$ 把其余方程中的 x_1 消去，得出新方程组如下：

$$
\begin{array}{cccccl}
\multicolumn{4}{c}{\text{系数}} & \text{右边项} & \multicolumn{1}{c}{\text{计算方法}} \\
\hline
k_{11}^0 & k_{12}^0 & \cdots & k_{1n}^0 & F_1^0 \quad (1)^0 \;\rightarrow\text{轴行} & \vdots \\
 & & & & & (2)^1 = (2)^0 - \dfrac{k_{21}^0}{k_{11}^0}(1)^0 \\
0 & k_{22}^1 & \cdots & k_{2n}^1 & F_2^1 \quad (2)^1 & \vdots \\
\vdots & \vdots & & \vdots & \vdots \quad \vdots & (i)^1 = (i)^0 - \dfrac{k_{i1}^0}{k_{11}^0}(1)^0 \\
 & k_{i2}^1 & \cdots & k_{in}^1 & F_i^1 \quad (i)^1 & \vdots \\
\vdots & \vdots & & \vdots & \vdots \quad \vdots & \\
0 & k_{n2}^1 & \cdots & k_{nn}^1 & F_n^1 \quad (n)^1 & (n)^1 = (n)^0 - \dfrac{k_{n1}^0}{k_{11}^0}(1)^0
\end{array}
\tag{6-5}
$$

第 k 轮消元。式 $(k)^{k-1}$ 保持不变，利用式 $(k)^{k-1}$ 把其余方程中的 x_k 消掉，得出新方程组如下：

系数							右边项		计算方法

$$k_{11}^0 \quad k_{12}^0 \cdots \quad k_{1k}^0 \quad k_{1(k+1)}^0 \quad \cdots k_{1j}^0 \cdots \quad k_{1n}^0 \quad F_1^0 \quad (1)^0$$

$$k_{22}^1 \cdots \quad k_{2k}^1 \quad k_{2(k+1)}^1 \quad \cdots k_{2j}^1 \cdots \quad k_{2n}^1 \quad F_2^1 \quad (2)^1$$

$$\vdots \qquad \vdots \qquad \vdots \qquad \vdots \qquad \vdots$$

$$k_{kk}^{k-1} \quad k_{k(k+1)}^{k-1} \quad \cdots k_{kj}^{k-1} \cdots \quad k_{kn}^{k-1} \quad F_k^{k-1} \quad (k)^{k-1}$$

轴行

$$(i)^k = (n)^{(k-1)} - \frac{k_{ik}^{(k-1)}}{k_{kk}^{(k-1)}}(k)^{(k-1)}$$

$$k_{i(k+1)}^k \quad \cdots k_{ij}^k \cdots \quad k_{in}^k \quad F_i^k \quad (i)^k$$

消元行

$$(n)^k = (n)^{(k-1)} - \frac{k_{nk}^{(k-1)}}{k_{kk}^{(k-1)}}(k)^{(k-1)}$$

$$k_{n(k+1)}^k \quad \cdots k_{nj}^k \quad k_{nn}^k \quad F_n^k \quad (n)^k$$

$$(6\text{-}6)$$

第 $(n-1)$ 轮消元。式 $(n-1)^{n-2}$ 保持不变，利用式 $(n-1)^{n-2}$ 把第 n 个方程中的 x_{n-1} 消去，得新方程组如下：

系数					右边项		计算方法

$$k_{11}^0 \quad k_{12}^0 \quad \cdots \quad \cdots \quad k_{1n}^0 \quad F_1^0 \quad (1)^0$$

$$k_{22}^1 \quad \cdots \quad \cdots \quad k_{2n}^1 \quad F_2^1 \quad (2)^1$$

$$\vdots \qquad \vdots \qquad \vdots$$

$$k_{kk}^{k-1} \quad \cdots \quad k_{kn}^{k-1} \quad F_k^{k-1} \quad (k)^{k-1}$$

$$\vdots \qquad \vdots \qquad \vdots$$

$$k_{(n-1)(n-1)}^{n-2} \quad k_{(n-1)n}^{n-2} \quad F_{n-1}^{n-2} \quad (n-1)^{n-2}$$

$$k_{nn}^{n-1} \quad F_n^{n-1} \quad (n)^{n-1} \qquad (n)^{n-1} = (n)^{n-2} - \frac{k_{n(n-1)}^{n-2}}{k_{(n-1)(n-1)}^{n-2}}(n-1)^{n-2}$$

$$(6\text{-}7)$$

根据满阵存储的高斯消元求解过程，可得出如下几点编程思路：

① 消元行的系数在每轮消元中都不同，求该系数时必须指出是第几次消元后的系数，所以要有消元轮次码 k 作为循环变量，k 的取值范围为 $1\sim(n-1)$。

② 消元的轴行从第一个方程开始，按方程式的次序依次向下，直到倒数第二个方程式。轴行码与消元轮次码相同，均为 k。

③ 计算消元行系数时要有 3 个循环码：消元轮次码 k、系数所在的行码 i 和列码 j。求第 k 轮消元，i 行 j 列系数的计算公式如下：

$$k_{ij}^k = k_{ij}^{k-1} - \frac{k_{ik}^{k-1}}{k_{kk}^{k-1}}k_{kj}^{k-1} \qquad (6\text{-}8)$$

式中，$k=1,2,\cdots,n-1$；$i=k+1,\cdots,n$；$j=k+1,\cdots,n$。

④ 计算消元行右边项公式如下：

$$F_i^k = F_i^{k-1} - \frac{k_{ik}^{k-1}}{k_{kk}^{k-1}}F_k^{k-1} \qquad (6\text{-}9)$$

式中，$k=1,2,\cdots,n-1$；$i=k+1,\cdots,n$。

⑤ 消元完了，系数矩阵变成一个上三角阵。

（2）回代过程

为了使公式看起来简洁，把（$n-1$）轮消元后所得到的最后方程式去掉上标 $k[k=0\sim(n-1)]$，有如下形式：

$$
\begin{bmatrix}
k_{11} & \cdots & & \cdots & & k_{1n} \\
& \vdots & & & & \vdots \\
& k_{ii} & & \cdots & & k_{in} \\
& & & & & \vdots \\
& & k_{(n-1)(n-1)} & & k_{(n-1)n} \\
& & & & & k_{nn}
\end{bmatrix}
\begin{bmatrix}
x_1 \\ \vdots \\ x_i \\ \vdots \\ x_{n-1} \\ x_n
\end{bmatrix}
=
\begin{bmatrix}
F_1 \\ \vdots \\ F_i \\ \vdots \\ F_{n-1} \\ F_n
\end{bmatrix}
\begin{matrix}
(1) \\ \vdots \\ (i) \\ \vdots \\ (n-1) \\ (n)
\end{matrix}
\tag{6-10}
$$

① 先由最后式（n）求出 x_n，即

$$x_n = F_n / k_{nn} \tag{6-11}$$

② 将 x_n 代入式（$n-1$），求出 x_{n-1}。依次往上按下式可求出 x_{n-2}、$\cdots$、x_i、$\cdots$、x_1，即

$$x_i = \frac{F_i - \sum\limits_{j=i+1}^{n} k_{ij} x_j}{k_{ii}} \tag{6-12}$$

式中，$i=(n-1),(n-2),\cdots,1$；$j=(i+1),\cdots,n$。

6.3.2　半阵存储的高斯消元法

由于整体刚度矩阵 **K** 具有对称性，可以只存其主对角线以上的元素，如图 6-1(a) 所示。因为 $k_{ik}=k_{ki}$，可将式(6-8)、式(6-9) 修改如下：

$$k_{ij}^{(k)} = k_{ij} - \frac{k_{ki}}{k_{kk}} k_{kj}; \quad F_i^{(k)} = F_i - \frac{k_{ki}}{k_{kk}} F_k \tag{6-13}$$

式中，$k=1,2,\cdots,(n-1)$；$i=(k+1),(k+2),\cdots,n$；$j=(k+1),(k+2),\cdots,n$。

6.3.3　二维等带宽存储的高斯消元法

由于 **K** 具有带状性，为了节省内存可将整体刚度矩阵 **K** 中的元素存在等带宽矩阵 **K*** 中。下面介绍 **K*** 存储方式下的高斯消元法。

其实，推导等带宽高斯消元法公式并不困难，只要找到元素在 **K** 与 **K*** 中的对应关系，这个问题就迎刃而解了。

（1）元素在 K 与 K* 中的对应关系

① 元素对应关系。由图 6-1 可见，两个矩阵中元素及列码对应关系如下（行码

不变）：

$$k_{ij} \rightarrow k_{iJ}^* \qquad\qquad J=j-i+1$$

$$k_{kk} \rightarrow k_{kl}^*$$

$$k_{ki} \rightarrow k_{kL}^* \qquad\qquad L=i-k+1$$

$$k_{kj} \rightarrow k_{kM}^* \quad M=j-k+1=J+i-k \quad (J \text{ 为循环变量})$$

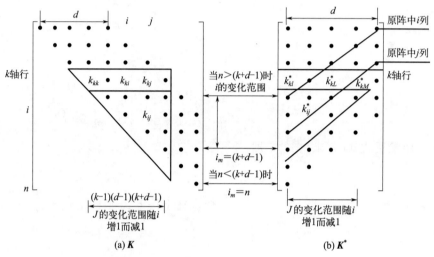

图 6-1　$\boldsymbol{K}$ 与 $\boldsymbol{K}^*$ 中元素和行列码对应关系

② 循环码的修改由图 6-1 可见，消元过程的循环码变化如下：

a）消元轮次码 k（也是轴行码）不变，其取值范围仍为 $[1\sim(n-1)]$。

b）消元行码 i 不变，但其取值范围发生了变化。这是因为在消元过程中变化的系数只局限在三角形（见图 6-1）所框的范围内，i 的取值范围是 $(k+1)\sim i_m$，而 i_m 的取值又分两种情况。当 $k+d-1<n$ 时（即图 6-1 和程序中的 $n>k+d-1$），$i_m=k+d-1$；而当 $(k+d-1)\geqslant n$ 时（即图 6-1 和程序中的 $n\leqslant k+d-1$），$i_m=n$。

c）消元列码 j 改变为 J，J 的取值范围是 $1\sim J_n$，而 J_n 随行码 i 增加而减小，由下式计算：$J_n=d-(i-k)$。在程序中用 $J_n=d-L+1$（因为 $L=i-k+1$，$i-k=L-1$）。

（2）消元公式的修改

对式（6-13）修改如下：

$$\begin{cases} k_{iJ}^{*(k)}=k_{iJ}^*-\dfrac{k_{kL}^*}{k_{kl}^*}k_{kM}^* \\[3mm] F_i^{(k)}=F_i-\dfrac{k_{kL}^*}{k_{kl}^*}F_k \end{cases} \qquad (6\text{-}14)$$

式中，$k=1,2\cdots,(n-1)$；$i=(k+1),(k+2),\cdots,i_m$；$J=1,2,\cdots,J_n=(d-L+1)$。

（3）回代公式的修改

对式（6-11）、式（6-12）修改如下：

$$\begin{cases} x_n = F_n / k_{n1} \\ x_i = \left(F_i - \sum k_{ij} x_H \right) / k_{i1} \end{cases} \tag{6-15}$$

式中，$H = J + i - 1$；$i = (n-1),(n-2),\cdots,1$；$J = 2,3,\cdots,J_0$。

说明：① x_H 在式（6-12）中为 x_j，由 j 与 J 的对应关系 $j = J + i - 1$，所以，$H = J + i - 1$ 是以 H 取代 j，避免重复。

② 由图 6-2 可见，列号 J 由 2 开始，但其截止码为 J_0。当 $(n-i+1) \geqslant d$ 时，$J_0 = d$；当 $(n-i+1) < d$ 时，$J_0 = (n-i+1)$。

6.3.4　一维变带宽存储的高斯消元法

（1）一维变带宽存储

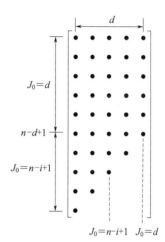

图 6-2　回代公式中 K^* 的最大列码

如图 6-3 所示总刚度矩阵 K，当用二维等带宽（半带）存储时仍有许多"0"元素（在黑虚线之间），这些"0"元素浪费了许多内存，而且在消元过程中浪费了机时，因此，人们想出了一种一维变带宽的存储方法，在存储时去掉这些多余的"0"元素。

一维变带宽存储有两种存储顺序：按行存储与按列存储。图 6-4 分别示出了 K 中的元素按行与列存储在 A 中的位置顺序。

按行存储对消元法是方便的，而按列存储适用于平方根法或其他分解法。下面重点介绍同一元素在 K 与 A 中的对应位置的计算方法，以及如何将单元刚度矩阵 k^e 送到 A 中。

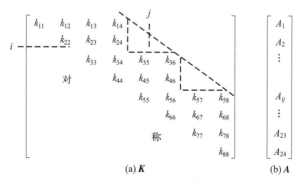

图 6-3　二维等带宽存储与一维变带宽存储

① 按行存储

图 6-4（a）示出了 K 中的元素按行存储在 A 中的排列位置。虽然同一元素在 K 与 A 中行、列号不同，但如果仔细分析图 6-4（a）就会发现，只要知道 K 主对角线上的元素 k_{ii} 在 A 中的位置（序号）$N1(i)$，就可以找出 K 中的每个元素在 A 中的位置。

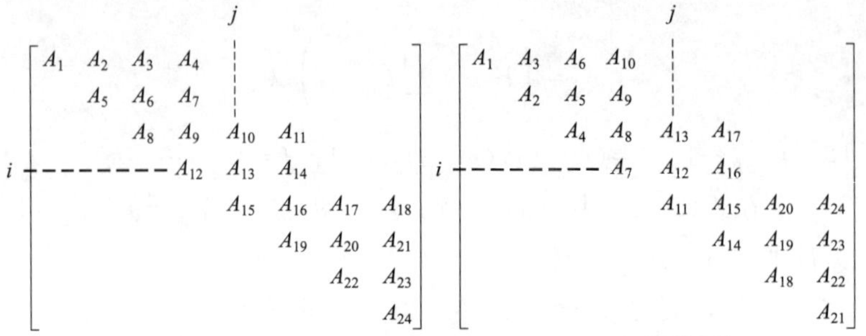
j
A1 A2 A3 A4
A5 A6 A7
A8 A9 A10 A11
i A12 A13 A14
A15 A16 A17 A18
A19 A20 A21
A22 A23
A24
j
A1 A3 A6 A10
A2 A5 A9
A4 A8 A13 A17
i A7 A12 A16
A11 A15 A20 A24
A14 A19 A23
A18 A22
A21

(a) 按行存储　　(b) 按列存储

图 6-4　$\boldsymbol{K}$ 中的元素按行或列存储在 $\boldsymbol{A}$ 中的顺序

$N1$ 是一维数组，它有 n 个元素（n 是 $\boldsymbol{K}$ 中对角线元素的个数，即方程的个数），元素值是 $k_{ii}(i=1,2,\cdots,n)$在 A 中的序号，对于图 6-4(a) 所示的按行存储：

$$N1=(1\quad 5\quad 8\quad 12\quad 15\quad 19\quad 22\quad 24)$$

设 $\boldsymbol{K}$ 中任一元素 k_{ij} 在 $\boldsymbol{A}$ 中的位置（序号）为 IJ，则由图 6-4(a) 可知：

$$IJ=N1(i)+(j-i)[i=1,2,\cdots,n;j=i,\cdots,i+N1(i+1)-N1(i)-1] \tag{6-16}$$

然而 $N1$ 并不能由图 6-4(a) 而得，因为不应由 $\boldsymbol{k}^{ⓔ}$组装成 $\boldsymbol{K}$ 再得到 $\boldsymbol{A}$，而应直接由 $\boldsymbol{k}^{ⓔ}$去组装成 $\boldsymbol{A}$。所以，必须想办法先得到 $N1$。

经对图 6-4(a) 的观察可知，只要知道第 i 行对角线上的元素 k_{ii} 在 $\boldsymbol{A}$ 中的序号，再知道 k_{ii} 右边元素的个数，两者相加，就可以推算出 $k_{(i+1)(i+1)}$ 元素在 $\boldsymbol{A}$ 中的序号。因为 k_{11} 在 $\boldsymbol{A}$ 中的序号永远是 1，即 $N1(1)=1$，所以后面（$n-1$）个对角线元素的序号必然都能算出来。关键是要知道 $\boldsymbol{K}$ 中每一行处于主对角线右边的元素的个数。

因为 k_{ij} 是第 j 个节点位移对第 i 个节点力的影响系数，所以，只要知道相邻节点号的最大差值和每个节点的自由度数，就可以计算出 k_{ii} 右边的元素的个数。为此，还要建立一个数组，$MAJD(NJ)$（NJ 是节点总数），按节点顺序依次记录与其相邻的最大节点号的号码数。

至于由 $\boldsymbol{k}^{ⓔ}$组装总刚度矩阵 $\boldsymbol{A}$，仍可沿用第 3 章杆系结构单元介绍过的程序，当求出元素的整体行 i 和整体列 j 以后，即可由式(6-13) 求出该元素在 $\boldsymbol{A}$ 中的位置 IJ，将 $\boldsymbol{k}_{ij}^{ⓔ}$ 送入 $A(IJ)$ 即可。

② 按列存储

图 6-4(b) 示出了 $\boldsymbol{K}$ 中元素按列存储在 $\boldsymbol{A}$ 中的排列位置。此时，每列元素由下往上顺序存储，先存对角线上的元素，然后再存其上的元素。为了找到同一元素在 $\boldsymbol{K}$ 与 $\boldsymbol{A}$ 中的对应位置，也需要建立一个数组 $N1$。不过该 $N1$ 与按行存储的 $N1$ 不同，该 $N1$ 有 $n+1$ 个元素，前 n 个元素用以描述 $\boldsymbol{K}$ 对角线上的元素 k_{ii} 在 $\boldsymbol{A}$ 中的排列位置；最后一个元素用以计算 $\boldsymbol{A}$ 中最后一列元素的个数，其值是 $\boldsymbol{A}$ 中元素总数加 1，如图 6-4(b) 所示：

$$N1=(1\quad 2\quad 4\quad 7\quad 11\quad 14\quad 18\quad 21\quad 25)$$

$\boldsymbol{K}$ 中的任一元素 k_{ij}，对应 $\boldsymbol{A}$ 中的 $A(IJ)$，IJ 与 i、j 的关系可由图 6-4(b) 去计

算，即：

$$IJ = N1(j) + j - i \tag{6-17}$$

至于由 k^e 组装成 A 的方法与上面讲得相似，这里不再赘述。

（2）高斯消元法公式的修改（按行存储）

一维变带宽存储的高斯消元法计算公式，如图 6-5 所示，可以由半阵存储的高斯消元法式(6-13) 修改而得。

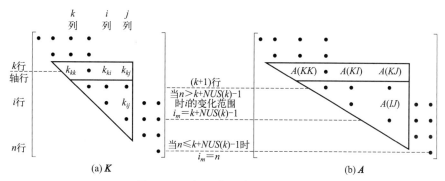

图 6-5　K 与 A 中元素的对应关系

① 元素的对应关系

由图 6-5 可见，式(6-13) 中的各元素与 A 中元素的对应关系如下：

$$k_{ij} \rightarrow A(IJ) \qquad IJ = N1(i) + j - i$$

$$k_{kk} \rightarrow A(KK) \qquad KK = N1(k)$$

$$k_{ki} \rightarrow A(KI) \qquad KI = N1(k) + i - k$$

$$k_{kj} \rightarrow A(KJ) \qquad KJ = N1(k) + j - k$$

② 修改后的公式

a）消元公式：

$$\begin{cases} A(IJ) = A(IJ) - \dfrac{A(KI)}{A(KK)} A(KJ) \\[3mm] F_i = F_i - \dfrac{A(KI)}{A(KK)} F_k \end{cases} \tag{6-18}$$

式中，$k = 1, 2, \cdots, (n-1)$；$i = (k+1), \cdots, i_m$；$j = i, (i+1), \cdots, J_n$。

b）回代公式：

$$x_n = F_n / A(NN) \qquad NN = N1(n) \tag{6-19}$$

$$x_i = \left(F_i - \sum_{j=i+1}^{J_0} A(IJ) x_j \right) / A(II) \tag{6-20}$$

式中，$i = (n-1), (n-2), \cdots, 1$；$j = (i+1), \cdots, J_0$；$II = N1(i)$。

第 6 章

c) 循环码说明。

因为 A 中元素的位置可以由式(6-16)算出，所以编程时仍可用 k、i、j 做循环码，只是 k、i、j 的循环范围要加以修改。修改的方法可参考等带宽高斯消元法的式(6-14)和式(6-15)。

"等带宽"和"变带宽"的主要区别在于 K 中每一行存储的元素个数是否相等，只要将图 6-1(a) 与图 6-4(a) 加以比较便可知。由图 6-1 可见，等带宽存储消元工作只在三角形范围内进行，变化的元素有 $(d-1)$ 行，但每一行要变化的元素的列数都不同；最上一行有 $(d-1)$ 列，下面各行是每增加一行减少一列 [在图 6-1(a) 中是前边减少一列，而在图 6-1(b) 中是后边减少一列]。因为是等带宽存储，消元过程中三角形的大小（即三角形内元素的行、列数）是不变的，即半带宽 d 为常数。而在图 6-4(a) 中，每一行的带宽是不同的，因此，不同的行做轴行其消元范围三角形的大小是不一样的。此时，三角形有 $NUS(k)-1$ 行，最上一行有 $NUS(k)-1$ 列，下面各行，每增加一行前边减少一列，所以得到了式(6-18)的循环码。轴行 k 变化范围与式(6-14)一样，不再多讲。消元行 i 的变化范围从 $(k+1)$ 行到 i_m 行，i_m 的值按两种情况去取，当 $k+NUS(k)-1<n$ 时，$i_m=k+NUS(k)-1$，当 $k+NUS(k)-1\geqslant n$ 时，$i=n$，这里只是将式(6-14)中的 d 改为 $NUS(k)$。消元列号 j 的变化较复杂，由图 6-5(a) 可见，$k+1$ 行由 $k+1$ 列至 J_n 列，$k+2$ 行由 $k+2$ 列至 J_n 列……恰好 i 的变化规律为 $k+1$、$k+2$，所以起始列取 i，而 $J_0=k+NUS(k)-1$。

因为消元完了各元素仍存在原来的位置上，回代仍按图 6-5 来进行，所以式(6-20)中的 J_0 应是每行的带宽减 1，即 $J_0=NUS(k)-1$。

注意：一维变带宽存储虽然比等带宽存储少占了一些内存，但消元过程中寻找元素较二维等带宽复杂，占用机时多，因此，两种方法的利弊要通盘考虑。通常当带宽变化不大，计算机内存又允许时，采用等带宽存储还是合适的。

6.3.5 高斯消元法的物理意义

从数学角度讲，每消元一次，可以去掉一个未知数，从物理意义讲，每消元一次相当于放松一个约束，下面以连续梁为例加以说明。

图 6-6 所示为一连续梁，各跨刚度相等均为 $i=EI/l=1$，中间作用一力矩 $M=1$，为简单起见，略去轴力、剪力影响，用有限元法求解。

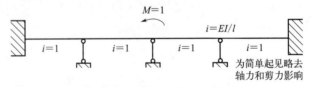

图 6-6　受载两端固定连续梁

高斯消元的过程方程物理意义图解如图 6-7 所示，其方程与物理解释如下：

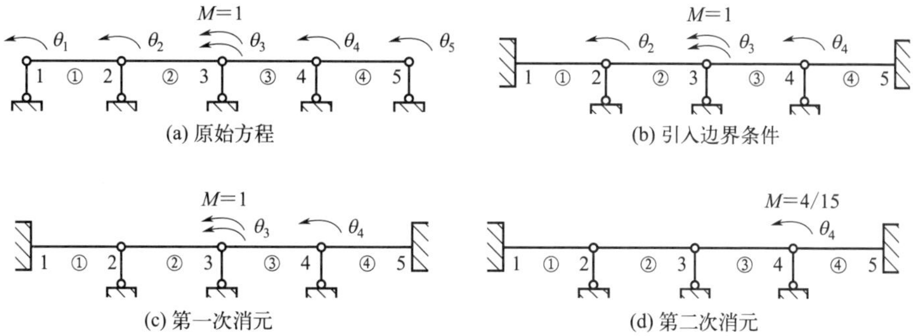

图 6-7 高斯消元法的物理图解

（1）原始方程

$$
\begin{bmatrix} M_1 \\ M_2 \\ M_3 \\ M_4 \\ M_5 \end{bmatrix} = \begin{bmatrix} 4 & 2 & & & \\ 2 & 8 & 2 & & \\ & 2 & 8 & 2 & \\ & & 2 & 8 & 2 \\ & & & 2 & 4 \end{bmatrix} \begin{bmatrix} \theta_1 \\ \theta_2 \\ \theta_3 \\ \theta_4 \\ \theta_5 \end{bmatrix} = \begin{bmatrix} M_1 \\ 0 \\ 1 \\ 0 \\ M_5 \end{bmatrix} \tag{6-21}
$$

原始方程的物理意义图解如图 6-7(a) 所示。因为在每个节点上都放置了一个附加连接，对本节点的自由度起了约束作用，使每一个节点的位移只引起与它相连的单元的变形，变形的传递具有局域性，所以每个节点的位移（本例为转角）通过与其相连的单元只对相邻节点的节点力有影响，而对不相邻的节点的节点力无影响。因此，原始方程式(6-21)才具有带状性。而某节点的位移对不相邻节点的节点力的影响是通过方程组建立的联立关系达到的。

（2）引入边界条件

$$
\begin{bmatrix} M_2 \\ M_3 \\ M_4 \end{bmatrix} = \begin{bmatrix} 1 & & & & \\ & 8 & 2 & & \\ & 2 & 8 & 2 & \\ & & 2 & 8 & \\ & & & & 1 \end{bmatrix} \begin{bmatrix} \theta_1 \\ \theta_2 \\ \theta_3 \\ \theta_4 \\ \theta_5 \end{bmatrix} = \begin{bmatrix} 0 \\ 0 \\ 1 \\ 0 \\ 0 \end{bmatrix} \tag{6-22}
$$

图 6-7(b) 描述的是引入边界条件以后方程的物理意义。方程式(6-22) 只是针对本例边界条件（$\theta_1 = \theta_5 = 0$）的一种数学运算的处理方法，中间节点的约束并没有改变。

（3）第一次消元

$$
\begin{bmatrix} M_1 \\ M_2 \\ M_3 \\ M_4 \\ M_5 \end{bmatrix} = \begin{bmatrix} 1 & & & & \\ & 8 & 2 & & \\ & & 15/2 & 2 & \\ & & 2 & 8 & \\ & & & & 1 \end{bmatrix} \begin{bmatrix} \theta_1 \\ \theta_2 \\ \theta_3 \\ \theta_4 \\ \theta_5 \end{bmatrix} = \begin{bmatrix} 0 \\ 0 \\ 1 \\ 0 \\ 0 \end{bmatrix} \tag{6-23}
$$

图 6-7(c) 描述的是第一次消元后的方程式（6-23）的物理意义。从数学角度讲，式（6-23）可以理解成将 θ_2 对应的主元行（即 M_2 对应的行）改写成 $\theta_2 = f(\theta_3, \theta_4)$ 的形式后，代入其下面各式消去未知数 θ_2 所得的结果。这时，转角 θ_2 对 M_3、M_4 的影响就被 θ_3、θ_4 代替了（这是波前法的依据）。

从物理角度讲，消去 θ_2 意味着去掉了节点 2 上的附加连接，解除了对节点 2 的约束，节点 3 的变形 θ_3 向左可以经过单元②、节点 2 传到单元①、节点 1。这时 θ_3 前的刚度系数不只是单元②、③提供的，还有单元①提供。即 θ_3 前的系数 15/2 是节点 3 左边两跨连续梁（单元①、②连续）的刚度系数与其右边一跨梁（单元③）的刚度系数之和。

因为节点 2 无外载荷，所以节点 3 上作用的外载荷无变化。

（4）第二次消元

$$\begin{bmatrix} M_1 \\ M_2 \\ M_3 \\ M_4 \\ M_5 \end{bmatrix} = \begin{bmatrix} 1 & & & & \\ & 8 & 2 & & \\ & & 15/2 & 2 & \\ & & & 112/15 & \\ & & & & 1 \end{bmatrix} \begin{bmatrix} \theta_1 \\ \theta_2 \\ \theta_3 \\ \theta_4 \\ \theta_5 \end{bmatrix} = \begin{bmatrix} 0 \\ 0 \\ 1 \\ -\dfrac{4}{15} \\ 0 \end{bmatrix} \tag{6-24}$$

图 6-7(d) 描述的是第二次消元后的方程式（6-24）的物理意义。式（6-24）左边未知数前系数的数学、物理意义的解释与上述相同。从数学角度讲，消掉 θ_3 以后，节点 2、节点 3 的转角 θ_2、θ_3 对 M_4 的影响均被 θ_4 代替了；而从物理角度讲，消去 θ_3 以后，意味着解除了节点 3 的约束，节点 4 的位移 θ_4 向左可以经过单元③、节点 3、单元②、节点 2、单元①，一直传到节点 1。这时 θ_4 前的系数为 112/15，是节点 4 左边三跨连续梁（单元①、②、③连续）的刚度系数与其右边一跨梁（单元④）刚度系数之和。

式（6-24）等号右边载荷列阵中的 $-4/15$，则是作用在节点 4 上的相当外载荷。作用在节点 4 上的相当外载荷 $-4/15$ 代替了原作用在节点 3 上的外载荷 $M = 1$ 对整个结构的作用。

6.4　三角分解法

三角分解法也是解线性代数方程组的一种常用的直接解法，它基于消元法，但比消元法节省机时，因此在有限元大型程序中也经常使用，故在此加以介绍。

6.4.1　消元法的矩阵表达

（1）每轮消元的矩阵表达
现将满阵存储的高斯消元法描述过的消元过程用矩阵乘的形式表达。
① 第一轮消元

由式(6-8)，若令 $L_{ik}=k_{ik}/k_{kk}$（程序中 L_{ik} 用的是 C），按矩阵运算法则，第一轮消元后系数矩阵可以写成如下矩阵乘形式，即

$$\boldsymbol{L}_1^{-1}\boldsymbol{K}^{(0)}=\boldsymbol{K}^{(1)} \tag{6-25}$$

$$\boldsymbol{L}_1^{-1}=\begin{bmatrix} 1 & & & & \\ -L_{21} & 1 & & & \\ -L_{31} & 0 & 1 & & \\ \vdots & \vdots & & \ddots & \\ -L_{n1} & 0 & \cdots & & 1 \end{bmatrix}_{n\times n} \tag{6-26}$$

而 $\boldsymbol{K}^{(0)}$ 是式(6-4)的系数矩阵；$\boldsymbol{K}^{(1)}$ 是满阵存储中第一轮高斯消元完了所得方程式(6-5)的系数矩阵。

② 第 k 轮消元

第 k 轮消元后，系数矩阵可以写成如下矩阵乘形式，即：

$$\boldsymbol{L}_k^{-1}\boldsymbol{K}^{(k-1)}=\boldsymbol{K}^{(k)} \tag{6-27}$$

式中 $\qquad \boldsymbol{L}_k^{-1}=\begin{bmatrix} 1 & & & & & & \\ \vdots & \ddots & & & & & \\ 0 & \cdots & 1 & & & & \\ 0 & & -L_{(k+1),k} & 1 & & & \\ 0 & & -L_{(k+2),k} & 0 & 1 & & \\ \vdots & & \vdots & \vdots & \vdots & \ddots & \\ 0 & \cdots & -L_{n,k} & 0 & \cdots & & 1 \end{bmatrix}_{n\times n} \tag{6-28}$

而 $\boldsymbol{K}^{(k-1)}$ 是 $\boldsymbol{K}^{(0)}$ 经 $k-1$ 轮消元完了所得的系数矩阵；$\boldsymbol{K}^{(k)}$ 是第 k 轮消元完了所得方程式(6-6)的系数矩阵。

③ 第 $(n-1)$ 轮（最后一轮）消元

第 $(n-1)$ 轮消元后，系数矩阵可以写成如下矩阵乘形式，即：

$$\boldsymbol{L}_{(n-1)}^{-1}\boldsymbol{K}^{(n-2)}=\boldsymbol{K}^{(n-1)} \tag{6-29}$$

式中 $\qquad \boldsymbol{L}_{(n-1)}^{-1}=\begin{bmatrix} 1 & & & & \\ 0 & 1 & & & \\ 0 & 0 & \ddots & & \\ \vdots & \vdots & & 1 & \\ 0 & 0 & \cdots & -L_{n(n-1)} & 1 \end{bmatrix}_{n\times n} \tag{6-30}$

而 $\boldsymbol{K}^{(n-2)}$ 是 $(n-2)$ 轮消元完了所得系数矩阵；$\boldsymbol{K}^{(n-1)}$ 是第 $(n-1)$ 轮消元完了所得方程式(6-7)的系数矩阵（上三角阵）。

（2）消元过程的矩阵表达

① 系数矩阵消元过程的矩阵表达

将式(6-25)、式(6-27)、式(6-29)所描述的消元过程写成一个矩阵乘表达式

$$\boldsymbol{L}_{(n-1)}^{-1}\boldsymbol{L}_{(n-2)}^{-1}\cdots\boldsymbol{L}_2^{-1}\boldsymbol{L}_1^{-1}\boldsymbol{K}^{(0)}=\boldsymbol{K}^{(n-1)} \tag{6-31}$$

令

$$L^{-1} = L_{(n-1)}^{-1} L_{(n-2)}^{-1} \cdots L_2^{-1} L_1^{-1} \tag{6-32}$$

$$S = K^{(n-1)} \tag{6-33}$$

式中，$S = K^{(n-1)}$ 为式（6-7）左端上三角阵，而 $K^{(0)}$ 就是原系数矩阵 K。将式（6-32）、式（6-33）和 K 代入式（6-31），有：

$$L^{-1}K = S \tag{6-34}$$

式中，L^{-1} 仍是一个单位下三角阵。

② 常数项消元过程的矩阵表达

同理，右端常数项消元过程的矩阵表达式是：

$$L^{-1}P = Q \tag{6-35}$$

式中，P 为式（6-4）中右端列阵；Q 为式（6-7）中右端列阵。

③ 方程组的新形式

经式（6-34）和式（6-35）的变换以后，式（6-4）可表达为：

$$S\delta = Q \tag{6-36}$$

式中，δ 为 $(x_1 \quad x_2 \quad \cdots \quad x_n)^{\mathrm{T}}$。

(3) 求解过程

用高斯消元法求解用的是式（6-36），现改变一下方式，按下述步骤进行。

① 求 Q

由式（6-35）得：

$$LQ = P \tag{6-37}$$

式中，L 仍是一个单位下三角阵，由 L^{-1} 求逆而得：

$$L = \begin{bmatrix} 1 & & & & \\ l_{21} & 1 & & & \\ l_{31} & l_{32} & 1 & & \\ \vdots & \vdots & \vdots & \ddots & \\ l_{n1} & l_{n2} & \cdots & l_{n,(n-1)} & 1 \end{bmatrix} \tag{6-38}$$

由式（6-37）向前回代可求出 Q，如图 6-8 所示。

② 求 δ

有了 Q 以后，可利用式（6-36）求出 δ，此时只需向后回代，如图 6-9 所示。

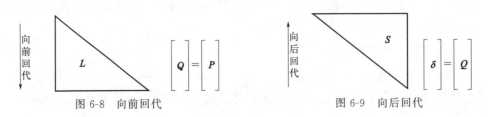

图 6-8　向前回代　　　　　　　　　图 6-9　向后回代

6.4.2 半阵存储矩阵的三角分解

欲利用式(6-37)、式(6-36)求解线性代数方程组 (6-4)，关键是求出 L 与 S。下面寻找求 L 与 S 的方法。

(1) 矩阵的三角分解

由式(6-34)

$$K = LS \tag{6-39}$$

式中，L 为单位下三角阵；S 为单位上三角阵。

现将 S 分解为 $S = D\bar{S}$，若令 D 为对角阵，将 S 代入式(6-39) 有：

$$K = LD\bar{S} \tag{6-40}$$

由于 K 具有对称性，$K - K^T$，可以得到 $\bar{S} = L^T$，代入式(6-40)：

$$K = LDL^T \tag{6-41}$$

$$S = DL^T \tag{6-42}$$

(2) 求 L^T 矩阵

① 一般公式

由式(6-41)，根据矩阵乘法规则：

$$k_{ij} = \sum_{r=1}^{n} l_{ir} d_{rr} l_{rj} \tag{6-43}$$

因为 L 和 L^T 互为转置，故有 $l_{ir} = l_{ri}$，又因 L 和 L^T 都是三角阵，l_{ir} 类元素列号变化范围是 $r = 1 \sim i$（每一列到主对角线）；l_{rj} 类元素行号变化范围也是 $r = 1 \sim j$（第一行到主对角线），所以式(6-43)可改为：

$$k_{ij} = \sum_{r=1}^{n} l_{ri} d_{rr} l_{rj} = \sum_{r=1}^{i-1} l_{ri} d_{rr} l_{rj} + l_{ii} d_{ii} l_{ij} \tag{6-44}$$

因为 L^T 是单位上三角阵，因此，对角线上的元素 $l_{ii} = 1$，由式(6-44) 可得递推公式：

$$d_{ii} l_{ij} = S_{ij} = k_{ij} - \sum_{r=1}^{i-1} l_{ri} d_{rr} l_{rj} \tag{6-45}$$

由式(6-45)，当 $i \neq j$ 时，有：

$$l_{ij} = \frac{S_{ij}}{d_{ii}} \tag{6-46}$$

当 $i = j$ 时，有：

$$d_{ii} = S_{ii} \quad (l_{ii} = 1) \tag{6-47}$$

② 按列分解

具体过程如下（注意 K 只存上三角范围内的元素）：

第一列 $j=1$ $i=1$ $d_{11}=S_{11}=k_{11}$

第二列 $j=2$ $i=1$ $S_{12}=k_{12}$ $l_{12}=\dfrac{S_{12}}{d_{11}}$

                       $i=2$ $d_{22}=S_{22}=k_{22}-l_{12}d_{11}l_{12}$

第三列 $j=3$ $i=1$ $S_{13}=k_{13}$ $l_{13}=\dfrac{S_{13}}{d_{11}}$

                       $i=2$ $S_{23}=k_{23}-l_{12}d_{11}l_{12}$ $l_{23}=\dfrac{S_{23}}{d_{22}}$

                       $i=3$ $d_{33}=S_{33}=k_{33}-l_{13}d_{11}l_{13}-l_{23}d_{22}l_{23}$

$$\vdots$$

第 j 列(i 从 1 开始) $i<j$ $S_{ij}=k_{ij}-\sum_{r=1}^{i-1}l_{ri}d_{rr}l_{rj}$ $l_{ij}=\dfrac{S_{ij}}{d_{ii}}$

                       $i=j$ $d_{ii}=S_{ii}=k_{ii}-\sum_{r=1}^{i-1}l_{ri}d_{rr}l_{ri}$

在程序设计中，可取 j、i、r 三个循环码，它们的变化范围是：

$$j=1,2,\cdots,n$$
$$i=1,2,\cdots,j$$
$$r=1,2,\cdots,(i-1)$$

③ 存储方式

存储方式如图 6-10 所示，利用原系数矩阵 **K** 的存储区按列逐个分解置换即可，不必另开存储区间。

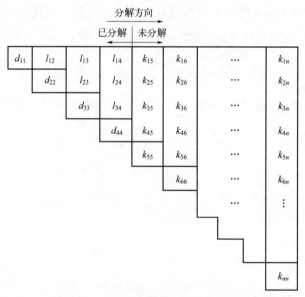

图 6-10 三角分解系数矩阵的半阵存储

6.4.3 等带宽存储矩阵的三角分解

在有限元法中系数矩阵多采用等带宽二维存储，现介绍一下等带宽存储按列三角分解的方法。

该方法的关键仍然是找出半阵存储矩阵 $\boldsymbol{K}$ 与等带宽存储矩阵 $\boldsymbol{K}^*$ 中同一元素之间的对应位置关系，其对应关系是：

$$i^* = i, j^* = J = j - i + 1 \tag{6-48}$$

上面的 i^*，$j^* = J$ 是某元素在 $\boldsymbol{K}^*$ 中的行列码，而 i，j 是同一元素在 $\boldsymbol{K}$ 中的行列码。

根据式(6-48)，可以将式(6-45)～式(6-47)修改如下：

① 当 $j \leqslant D$（D 为半带宽，为避免与对角线元素 d 混淆），公式修正为：

$$\begin{cases} S_{iJ} = k_{iJ} - \sum_{r=1}^{i-1} l_{r,(i-r+1)} d_{r1} l_{r,(J+i-r)} & (i \leqslant j) \\ l_{iJ}^{\mathrm{T}} = \dfrac{S_{iJ}}{d_{i1}} & (i \neq j) \end{cases} \tag{6-49}$$

循环码修正为：

$$j = 1, 2, \cdots, D$$
$$i = 1, 2, \cdots, j$$
$$J = j - i + 1$$
$$r = 1, 2, \cdots, (i-1)$$

② 当 $j > D$ 时，公式修正为：

$$\begin{cases} S_{iJ} = k_{iJ} - \sum_{r=(J-D+1)}^{i-1} l_{r,(i-r+1)} d_{r1} l_{r,(J+i-r)} & (i \leqslant j) \\ l_{iJ} = \dfrac{S_{iJ}}{d_{r1}} & (i \neq j) \end{cases} \tag{6-50}$$

循环码修正为：

$$j = (D+1), \cdots, n$$
$$i = (j-D+1), \cdots, n$$
$$J = j - i + 1$$
$$r = (j-D+1), \cdots, (i-1)$$

式(6-49)、式(6-50) 的修正依据如图 6-11 所示。

注意：式(6-49)，式(6-50) 中的 S_{iJ} 即是 d_{iI}。

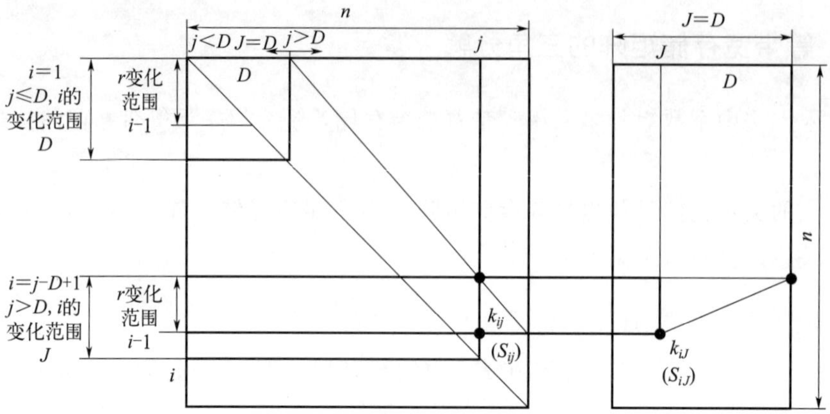

图 6-11　三角分解的等带宽存储

6.4.4　高斯消元法与三角分解法的对比

高斯消元法与三角分解法在本质上没有什么区别，因为它们的原理都是高斯消元法。只不过从形式上看高斯消元法有两个明显的过程——消元和回代；而三角分解法没有。但三角分解过程实质上就是消元过程。尽管如此，在上机执行时对相同的系数矩阵，三角分解法消耗的机时要比高斯消元法少，这是由于采用三角分解法时，矩阵中的每个元素都是一次完成分解过程；而用高斯消元法时，一个元素要变动好多次。这样高斯消元法在消元过程中取送元素花费的机时比三角分解法多得多。从这个意义上讲，三角分解法比高斯消元法优越，所以许多大型有限元程序都选用这种方法。

6.5　波前法

6.5.1　波前法的思路

（1）高斯消元法的再分析

如图 6-12 所示为一平面问题，现以它为例对高斯消元法进行再分析。

为了简单明了地说明消元过程，下面以节点为未知数（不以节点位移为未知数）建立整体刚度矩阵：

$$
\begin{bmatrix}
k_{11}^{\textcircled{1}} & k_{12}^{\textcircled{1}} & k_{13}^{\textcircled{1}} \\
k_{21}^{\textcircled{1}} & k_{22}^{\textcircled{1}}+k_{22}^{\textcircled{2}}+k_{22}^{\textcircled{3}} & k_{23}^{\textcircled{1}}+k_{23}^{\textcircled{2}} & k_{24}^{\textcircled{3}} & k_{25}^{\textcircled{2}}+k_{25}^{\textcircled{3}} \\
k_{31}^{\textcircled{1}} & k_{32}^{\textcircled{1}}+k_{32}^{\textcircled{2}} & k_{33}^{\textcircled{1}}+k_{33}^{\textcircled{3}}+k_{33}^{\textcircled{4}} & & k_{35}^{\textcircled{3}}+k_{35}^{\textcircled{4}} & k_{36}^{\textcircled{4}} \\
& k_{42}^{\textcircled{3}} & & k_{44}^{\textcircled{3}}+k_{44}^{\textcircled{5}}+k_{44}^{\textcircled{7}} & k_{45}^{\textcircled{3}}+k_{45}^{\textcircled{5}} \\
& k_{52}^{\textcircled{2}}+k_{52}^{\textcircled{3}} & k_{53}^{\textcircled{3}}+k_{53}^{\textcircled{4}} & k_{54}^{\textcircled{3}}+k_{54}^{\textcircled{5}} & k_{55}^{\textcircled{2}}+k_{55}^{\textcircled{3}}+k_{55}^{\textcircled{4}}+k_{55}^{\textcircled{5}}+k_{55}^{\textcircled{6}}+k_{55}^{\textcircled{8}} & k_{56}^{\textcircled{4}}+k_{56}^{\textcircled{6}} \\
& & k_{63}^{\textcircled{4}} & & k_{65}^{\textcircled{4}}+k_{65}^{\textcircled{6}} & k_{66}^{\textcircled{4}}+k_{66}^{\textcircled{6}}+k_{66}^{\textcircled{9}}
\end{bmatrix}
$$

$$(6\text{-}51)$$

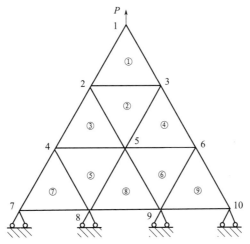

图 6-12　受面内集中力三角形平板

在式(6-51) 中，k_{ij}^{e} 上、下角标含义如下：上标代表单元号，下标 i 代表节点力号，j 代表节点位移号。因为节点 7、8、9、10 的位移均为 0，所以将这 4 个节点位移对应的刚度系数全部消掉，在式(6-51) 中没有示出。k_{ij} 虽然表示 j 节点的两个位移（u_i，v_i）对 i 节点两个节点力（U_i，V_i）的影响系数，但在说明消元法过程时，并不失一般性，且能使说明简单明确。

下面分析一下式(6-51) 的消元过程。

① 第一轮消元

由式(6-8)：

$$k_{2j}^{(1)} = k_{2j}^{(0)} - \frac{k_{21}^{(0)}}{k_{11}^{(0)}} k_{1j}^{(0)} \tag{6-52}$$

$$k_{3j}^{(1)} = k_{3j}^{(0)} - \frac{k_{31}^{(0)}}{k_{11}^{(0)}} k_{1j}^{(0)} \tag{6-53}$$

将式(6-52)、式(6-53) 具体化（略去式中右上角的消元轮次码），由式(6-51)、式(6-52) 有：

$$k_{22} = (k_{22}^{①} + k_{22}^{②} + k_{22}^{③}) - \frac{k_{21}^{①}}{k_{11}^{①}} k_{12}^{①} = \left(k_{22}^{①} - \frac{k_{21}^{①}}{k_{11}^{①}} k_{12}^{①}\right) + k_{22}^{②} + k_{22}^{③} \tag{6-54}$$

$$k_{23} = (k_{23}^{①} + k_{23}^{②}) - \frac{k_{21}^{①}}{k_{11}^{①}} k_{13}^{①} = \left(k_{23}^{①} - \frac{k_{21}^{①}}{k_{11}^{①}} k_{13}^{①}\right) + k_{23}^{②} \tag{6-55}$$

$$k_{32} = (k_{32}^{①} + k_{32}^{②}) - \frac{k_{31}^{①}}{k_{11}^{①}} k_{12}^{①} = \left(k_{32}^{①} - \frac{k_{31}^{①}}{k_{11}^{①}} k_{12}^{①}\right) + k_{32}^{②} \tag{6-56}$$

$$k_{33} = (k_{33}^{①} + k_{33}^{②} + k_{33}^{④}) - \frac{k_{31}^{①}}{k_{11}^{①}} k_{13}^{①} = \left(k_{33}^{①} - \frac{k_{31}^{①}}{k_{11}^{①}} k_{13}^{①}\right) + k_{33}^{②} + k_{33}^{④} \tag{6-57}$$

由式(6-54)～式(6-57) 可以看出两点：

a) 刚度集成运算与消元运算可以互换。如式(6-54)～式(6-57) 两个等号中间的式子是先按单元刚度集成而后消元；而后边的式子则是先消元后再按单元刚度集成。

b）消元可以按单元进行。如式(6-54)～式(6-57) 右边式中第一项括号所包含的均是第①个单元的刚度系数，只要一个单元的刚度系数计算完了，就可以进行消元运算。

② 第二轮之后的消元

由式(6-51)可见，第二轮消元以第二行为轴行，需单元②、③的单元刚度矩阵都集成完了才能进行。具体方法与第一轮相同。

以后各轮消元都与第二轮相似，在此就不重复了。通过各轮消元运算可以得到以下结论：

a）只有刚度集成完了的行才能做轴行。从数学角度讲，轴行的元素不仅参与加减运算，而且还参与乘除运算。参与乘除运算的元素要求必须是集成完的最终值，因为，随消元过程元素发生变化后，计算出的相应值与原值是不同的。从力学角度讲，集成完了的行表示该行所对应的节点力处于平衡状态（因求解方程为力平衡方程式）。此时，影响该节点力的各位移间的关系才是确定的，从而才可能将该点的位移表示成其相邻各节点位移的确定关系式，才可以进一步将这一确定的关系式代入以下各行中消去该节点的位移，达到消元的目的。

b）只要刚度集成完了的行就能做轴行，消元过程不必再按行号依次进行。即消元也可按单元进行，而不一定按节点顺序进行。

c）轴行的元素在本轮次消元完了以后，就不再参与以后各轮的消元运算，可以将其放入外存（计算机容量大不放外存也可）。这样，内存中只存放集成轴行元素所涉及的单元刚度矩阵即可。如果消元路径选择得好，使轴行元素涉及的单元数目尽可能少，则存放刚度系数所占用的内存将是很小的，这就是波前法的最大优越性。

（2）波前法的思路

根据上面的分析，可将波前法解题思路叙述如下：

当将一实际问题抽象成有限元模型（即划分单元、给出单元号、节点号并选取坐标）以后，首先要选取一个计算的起点（节点）——波源点，确定一个消元的路径；然后沿这个路径（顺序）依次调入单元，先将所选第一个单元（不一定是第①个单元）的刚度矩阵放入内存，选取轴行进行消元运算，消元完了将其轴行元素调至外存；接着再调入下一个单元的刚度矩阵与第一次消元完了的元素进行集成，而后再选轴行进行消元。这样依次继续下去，直到最后一个单元最后一次消元完了再回代，求出各节点的位移。

6.5.2 波前法的步骤

现以图 6-12 为例介绍波前法的步骤。

① 选择波源点。波源点是波前法计算的起点，它的条件是：能建立起消元轴行的点。这样的点通常是结构的角点，如图 6-12 内的节点 1。波源点的特点是：位于边界上，只与一个单元相连，且该节点的外载荷已知。

②　选择消元路径。选择消元路径是安排消元行的次序，因为每一行是该行所对应节点的节点力的平衡方程，所以，选择消元路径实质是安排节点的次序。

消元路径的选择方法如下：由波源点出发，先选与波源点共单元的点，依次向下再选与这些点共单元的点，逐渐向远方扩展，像波传播一样，这也是波前法名称的由来。对于图 6-12，路径可选节点 1、2、3、4、5、6，单元的顺序可选①、②、③、④、⑤、⑥、⑦、⑧、⑨。

③　消元运算。消元运算的步骤是：计算波源点所在单元的刚度矩阵和该单元各节点的节点载荷列阵，选取轴行并进行消元运算，然后再将消元行元素调到外存。之后，按路径重复上述过程。

针对图 6-12 的具体做法是：

①　计算单元①的刚度矩阵。图 6-13(a) 所示为该刚度矩阵。由于矩阵具有对称性，可以只存上三角形。该三角形叫作波前三角形，其中的未知量叫作波前，波前的数目叫作波前数。在图 6-13(a) 中，波前为 u_1、v_1、u_2、v_2、u_3、v_3，波前数 $W=6$。

②　计算单元①节点载荷列阵，具体计算方法在前面各章已经介绍，这里不再重复。

③　选择轴行。选择集成完毕的行作为轴行。本例中可选第一行，也可选第二行，为了运算方便本例选了第一行，如图 6-13(b) 所示。在波前法中，集成完毕的行所对应的未知量称为不活动变量，未集成完毕的行对应的未知量称为活动变量。在图 6-13(b) 中，u_1、v_1 是不活动变量（也称为主元），而 u_2、v_2、u_3、v_3 是活动变量。

图 6-13

波前	未知数					k					P	
5	u_3			*	*		*	*	*	*	*	第5次消元轴行
6	v_3				*		*	*	*	*	*	第6次消元轴行
7	u_4					×	×	×	×		×	
8	v_4						×	×	×		×	
9	u_5							×	×	×	×	
10	v_5							×	×	×	×	
11	u_6	$A_5=5,\ I_5=1,\ W_5=8$							×	×	×	
12	v_6	$A_6=6,\ I_6=1,\ W_6=7$								×	×	

(d) 调入④单元

波前	未知数				k				P	
7	u_4		*	*	*	*			*	第7次消元轴行
8	v_4			*	*	*			*	第8次消元轴行
9	u_5				×	×	×	×	×	
10	v_5					×	×	×	×	
11	u_6	$A_7=7,\ I_7=1,\ W_7=6$					×	×	×	
12	v_6	$A_8=8,\ I_8=1,\ W_8=5$						×	×	

(e) 调入⑤、⑦单元

波前	未知数				k		P	
9	u		*	*	*	*	*	第9次消元轴行
10	v			*	*	*	*	第10次消元轴行
11	u	$A_9=9,\ I_9=1,\ W_9=7$			×	×	×	
12	v	$A_{10}=10,\ I_{10}=1,\ W_{10}=3$				×	×	

(f) 调入⑥、⑧单元

波前	未知数		k	P	
11	u_6	*	*	*	第11次消元轴行
12	v_6		×	×	

(g) 调入⑨单元

图 6-13 波前法消元过程

*—轴行元素； ×—消元行元素

④ 进行消元运算。消元运算可用半阵存储的消元法程序去做，对于第①个单元的具体过程见图 6-13(b)。

之后重复上述消元运算过程，即：按路径规定的次序依次计算单元②、③、④、⑤、⑥、⑦、⑧、⑨的单元刚度矩阵，并依次送入内存中进行集成；然后选轴行进行消元运算，并将轴行元素送到外存。它们的计算过程见图 6-13(c) ～图 6-13(g)。

调到外存的轴行元素实际是该方程式未知数前的系数与自由项，在回代时还要用。因此，在把轴行元素送到外存之前必须记住该主元号 A、该主元在参与本次消元过程的各波前中的位置 I 和参与本次消元的波前总数 W。例如，在调出轴行 1 之前应记录 $A_1=1$，$I_1=1$，$W_1=6$，在调出轴行 2 之前应记录 $A_2=2$，$I_2=1$，$W_2=5$，见图 6-13(b)。

最后一个单元调入以后，全部未知数前的系数都已集成完毕，选择轴行消元以后，可以直接回代求解，不必再记 A、I、W 信息。

本例在消元过程中得到一组 A、I、W 信息如下，以备回代时使用。

$$A \quad I \quad W \quad 送到外存的元素$$

$$1 \quad 1 \quad 6 \quad k_{1j} \ (j=1\sim6) \quad P_1$$

$$2 \quad 1 \quad 5 \quad k_{2j} \ (j=1\sim5) \quad P_2$$

$$3 \quad 1 \quad 8 \quad k_{3j} \ (j=1\sim8) \quad P_3$$

$$4 \quad 1 \quad 7 \quad k_{4j} \ (j=1\sim7) \quad P_4$$

$$5 \quad 1 \quad 8 \quad k_{5j} \ (j=1\sim8) \quad P_5$$

$$6 \quad 1 \quad 7 \quad k_{6j} \ (j=1\sim7) \quad P_6$$

$$7 \quad 1 \quad 6 \quad k_{7j} \ (j=1\sim6) \quad P_7$$

$$8 \quad 1 \quad 5 \quad k_{8j} \ (j=1\sim5) \quad P_8$$

$$9 \quad 1 \quad 4 \quad k_{9j} \ (j=1\sim4) \quad P_9$$

$$10 \quad 1 \quad 3 \quad k_{10j} \ (j=1\sim3) \quad P_{10}$$

⑤ 回代求解。

a）由保留在内存中的方程组回代解出 $v_6=x_{12}$，$u_6=x_{11}$，见图 6-13(g)。

b）按消元顺序由后向前逐个恢复波前，调入送到外存的元素，依次回代求解。如，先利用信息 A_{10}、I_{10}、W_{10} 将存到外存的第 10 次消元轴行的元素调入内存，构成方程式：

$$K_{10,1}x_{10}-K_{10,2}x_{11}+K_{10,3}x_{12}=P_{10} \tag{6-58}$$

由式(6-58)，解得 $v_5=x_{10}$。

以此类推，可以解得 x_9，x_8，…，x_1（即 u_5，v_4，…，u_1）。

回代过程如下：

A I W （最后内存中元素）	波前	调入元素	解得未知数
	11，12		$v_6=x_{12}$，$u_6=x_{11}$
10 1 3	10，11，12	$k_{10j}\ (j=1\sim3)$，P_{10}	$v_5=x_{10}$
9 1 4	9，10，11，12	$k_{9j}\ (j=1\sim4)$，P_9	$u_5=x_9$
8 1 5	8，9，10，11，12	$k_{8j}\ (j=1\sim5)$，P_8	$v_4=x_8$
7 1 6	7，8，9，10，11，12	$k_{7j}\ (j=1\sim6)$，P_7	$u_4=x_7$
6 1 7	6，7，8，9，10，11，12	$k_{6j}\ (j=1\sim7)$，P_6	$v_3=x_6$
5 1 8	5，6，7，8，9，10，11，12	$k_{5j}\ (j=1\sim8)$，P_5	$u_3=x_5$
4 1 7	4，5，6，7，8，9，10	$k_{4j}\ (j=1\sim7)$，P_4	$v_2=x_4$
3 1 8	3，4，5，6，7，8，9，10	$k_{3j}\ (j=1\sim8)$，P_3	$u_2=x_3$
2 1 5	2，3，4，5，6	$k_{2j}\ (j=1\sim5)$，P_2	$v_1=x_2$
1 1 6	1，2，3，4，5，6	$k_{1j}\ (j=1\sim6)$，P_1	$u_1=x_1$

由上述解题过程可见，保留在内存中的波前区（包括波前三角形与自由项）的大小与节点码编排顺序无关，而与单元调入的顺序有关。因此，不存在节点编号优化问题。

另外，为了确定主元变量，还应事先记下每个节点的相关单元数，这只需事先扫描一遍即可。

 习题

6-1　求解四元方程组。

$$\begin{cases} 2x_1 + x_2 - 5x_3 + x_4 = 8 \\ x_1 - 3x_2 - 6x_4 = 9 \\ 2x_2 - x_3 + 2x_4 = -5 \\ x_1 + 4x_2 - 7x_3 + 6x_4 = 0 \end{cases}$$

6-2　用三角分解法求解方程组。

$$\begin{bmatrix} 4 & -2 & 0 \\ -2 & 5 & 1 \\ 0 & 1 & 3 \end{bmatrix} \begin{bmatrix} x_1 \\ x_2 \\ x_3 \end{bmatrix} = \begin{bmatrix} 2 \\ 1 \\ 1 \end{bmatrix}$$

6-3　用高斯消元法解方程。

$$\begin{bmatrix} 4 & -1 & 0 \\ -1 & 4 & -2 \\ 0 & -1 & 4 \end{bmatrix} \begin{bmatrix} x_1 \\ x_2 \\ x_3 \end{bmatrix} = \begin{bmatrix} 1 \\ 2 \\ 3 \end{bmatrix}$$

6-4　求解方程组。

$$\begin{bmatrix} 0.78 & -0.02 & -0.12 & -0.14 \\ -0.02 & 0.86 & -0.04 & 0.06 \\ -0.12 & -0.04 & 0.72 & -0.08 \\ -0.14 & 0.06 & -0.08 & 0.74 \end{bmatrix} \begin{bmatrix} x_1 \\ x_2 \\ x_3 \\ x_4 \end{bmatrix} = \begin{bmatrix} 0.76 \\ 0.08 \\ 1.12 \\ 0.68 \end{bmatrix}$$

试用三种简单迭代法分别进行计算。

6-5　试用波前法解方程。

$$\begin{bmatrix} 5 & -4 & 1 & 0 \\ -4 & 6 & -4 & 1 \\ 1 & -4 & 6 & -4 \\ 0 & 1 & -4 & 5 \end{bmatrix} \begin{bmatrix} x_1 \\ x_2 \\ x_3 \\ x_4 \end{bmatrix} = \begin{bmatrix} 0 \\ 1 \\ 0 \\ 0 \end{bmatrix}$$

7 ANSYS 基本操作与应用

 教学目标

本章系统介绍了有限元软件 ANSYS 的基本操作和相关知识点。通过本章的教学，读者能够对软件操作有系统的了解，并能够利用 ANSYS 解决简单的力学问题。

 重点和难点

坐标系、工作平面、网格、节点等基本知识

建模步骤和技巧

单元属性和网格质量控制

施加载荷和载荷步

掌握通用的后处理方法

7.1 引言

计算力学、计算数学、工程管理学等学科及信息技术的飞速发展极大地推动了相关产业和学科研究的进步。有限元、有限体积及差分等方法与计算机技术相结合，诞生了新兴的跨专业和跨行业学科。计算机辅助工程分析技术（CAE）作为一种新兴的数值模拟分析技术，越来越受到工程技术人员的重视。在产品开发过程中引入 CAE 技术后，在产品尚未批量生产之前，不仅能协助工程人员做产品设计，更可以在争取订单时，作为一种强有力的工具协助营销人员及管理人员与客户沟通；在批量生产以后，相关分析结果还可以成为下次设计的重要依据。图 7-1 所示为引入 CAE 前后产品设计流程图的对比。

ANSYS 作为一款商业化较成功的 CAE 软件，融结构、流体、热、电磁、声学于一体，具有多种分析能力，包括简单线性静态分析和复杂非线性动态分析，可用来求解结构、流体、电力、电磁场及碰撞等问题。它包含前处理、求解、后处理和优化等模块，将有限元分析、计算机图形学和优化技术相结合，已成为解决现代工程学问题必不可少的有力工具。

ANSYS 软件主要包括三个部分：前处理模块、求解模块和后处理模块。前处理模块提供了一个强大的实体建模及网格划分工具，用户可以方便地构造有限元模型。对于实体建模 ANSYS 程序提供了两种方法：自顶向下与自底向上。对于网格划分 ANSYS 程序提供了使用便捷的、高质量的、对 CAD 模型进行网格划分的功能，包括 4 种网格划分方法：延伸划分、映像划分、自由划分和自适应划分。

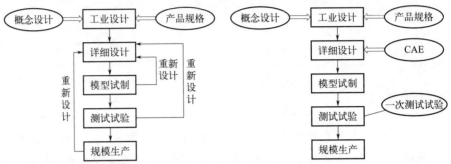

图 7-1　引入 CAE 前后产品设计流程图的对比

7.2　功能介绍

7.2.1　界面介绍

按照 3.6.2 小节的方法，启动 ANSYS 后软件操作界面如图 7-2 所示。7 大功能区块包括：功能菜单、命令输入窗口、工具栏、主菜单、状态栏、图形显示窗口和图形显示控制按钮。下面将对每一个功能区块进行简单的介绍。更多的功能需要大家在使用过程中慢慢熟悉掌握。

图 7-2　软件操作界面

点击"功能菜单"中的"File"，显示的操作界面以及相应的功能介绍如图 7-3 所示。功能菜单中的其他功能，大家可以查阅相关文档，并在使用过程中慢慢熟悉掌握。

"命令输入窗口"主要用于输入命令，包含 ANSYS 命令输入、命令提示信息、其他提示信息，以及下拉式运行命令记录菜单等，可以直接选取下拉式命令记录菜单中的命令行，然后双击重新执行命令行。

图 7-3　功能菜单中"File"的界面及功能

在命令输入窗口的左右两边是一些快捷按钮，如图 7-4 所示，左边的按钮从左往右依次为：新建按钮、打开按钮、存盘按钮、平移缩放旋转按钮、打印按钮、报告生成器按钮和帮助按钮；右边的按钮从左往右依次为：隐藏对话框提到前台按钮、选取重设按钮和接触管理器按钮，这些按钮能够简化操作，在实际操作中会经常用到。

图 7-4　命令输入窗口

"工具栏"是执行命令的快捷方式，以方便随时单击执行缩写命令或者宏文件等。如图 7-5 所示默认的按钮从左往右依次为存储数据库文件（SAVE_DB）、恢复数据库文件（RESUM_DB）、退出 ANSYS(QUIT) 和图形显示模式切换按钮（POWRGRPH），可以根据个人使用习惯来增加快捷按钮。

| SAVE_DB | RESUM_DB | QUIT | POWRGRPH |

图 7-5　工具栏

"主菜单"能够完成如建立模型、施加载荷、求解控制和结果后处理等操作。主菜单是软件中最常用的进行建模和分析的模块之一，其界面如图 7-6 所示。

"状态栏"用来显示当前系统的基本信息，包括与当前操作相关的提示信息，显示当前材料号、单元类型号、实常数号、坐标系号和截面号，如图 7-7 所示。

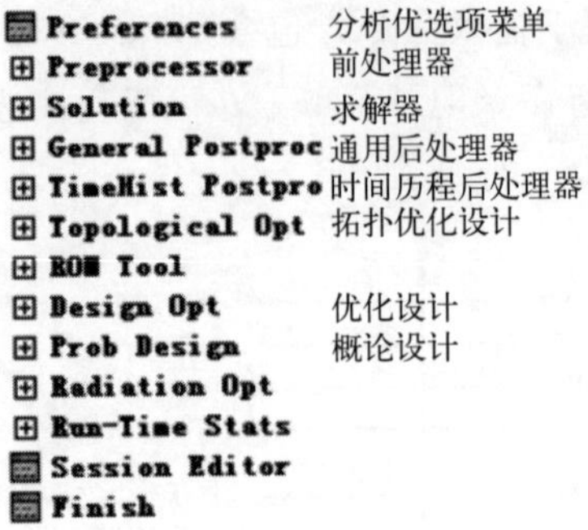

```
▣ Preferences        分析优选项菜单
⊞ Preprocessor       前处理器
⊞ Solution           求解器
⊞ General Postproc   通用后处理器
⊞ TimeHist Postpro   时间历程后处理器
⊞ Topological Opt    拓扑优化设计
⊞ ROM Tool
⊞ Design Opt         优化设计
⊞ Prob Design        概论设计
⊞ Radiation Opt
⊞ Run-Time Stats
▣ Session Editor
▣ Finish
```

图 7-6　主菜单树状结构界面

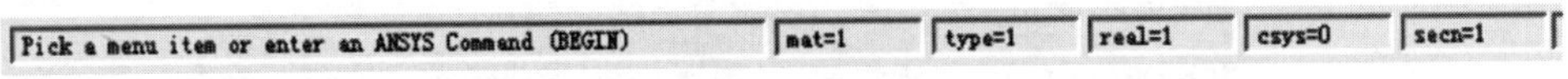

```
Pick a menu item or enter an ANSYS Command (BEGIN)   mat=1   type=1   real=1   csys=0   secn=1
```

图 7-7　状态提示栏

7.2.2　文件系统

ANSYS 中涉及的主要文件的类型及格式如表 7-1 所示。

表 7-1　文件类型及格式

文件类型	文件后缀	文件的格式
日志文件	Jobname. LOG	文本
错误文件	Jobname. ERR	文本
输出文件	Jobname. OUT	文本
数据文件	Jobname. DB	二进制
结果文件： 结构 热 磁场 流体	Jobname. RST Jobname. RTH Jobname. RMG Jobname. RFL	二进制
载荷步	Jobname. Sn（n 为序号）	文本
图形文件	Jobname. GRPH	文本（特殊格式）
单元矩阵文件	Jobname. EMAT	二进制

7.2.3　坐标系和工作平面

ANSYS 有多种坐标系供选择。

(1)　总体和局部坐标系

总体坐标系被认为是一个绝对的参考系。ANSYS 程序提供了 3 种总体坐标系：笛卡尔坐标系、圆柱坐标系和球坐标系，这 3 种坐标系都是右手系，而且有共同的原点。

图 7-8(a) 表示笛卡尔坐标系；图 7-8(b) 表示一类圆柱坐标系（其 Z 轴同笛卡尔坐标系的 Z 轴一致），坐标系统标号是 1；图 7-8(c) 表示球坐标系，坐标系统标号是 2；图 7-8(d) 表示二类圆柱坐标系（Z 轴与笛卡尔坐标系的 Y 轴一致），坐标系统标号是 3。

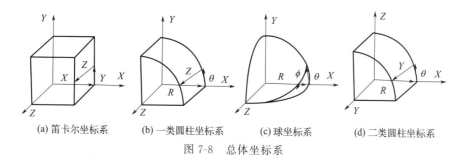

(a) 笛卡尔坐标系　　(b) 一类圆柱坐标系　　(c) 球坐标系　　(d) 二类圆柱坐标系

图 7-8　总体坐标系

ANSYS 中可以通过"功能菜单"中的"WorkPlane"中的相关按钮设置总体坐标系，如图 7-9 所示。

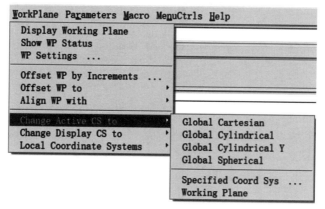

图 7-9　总体坐标系的设置

在许多情况下，必须要建立自己的坐标系。其原点与总体坐标系的原点偏移一定距离，或其方位不同于先前定义的总体坐标系，图 7-10 展示了局部坐标系，它是通过用于局部、节点或工作平面坐标系旋转的欧拉旋转角来定义的。图 7-10 中 X、Y、Z 表示总体坐标系，然后通过旋转该总体坐标系来建立局部坐标系。图 7-10(a) 表示将总体坐标系绕 Z 轴旋转一个角度得到 X_1、Y_1、$Z(Z_1)$；图 7-10(b) 表示将 X_1、Y_1、$Z(Z_1)$ 绕 X_1 轴旋转一个角度得到 $X_1(X_2)$、Y_2、Z_2。

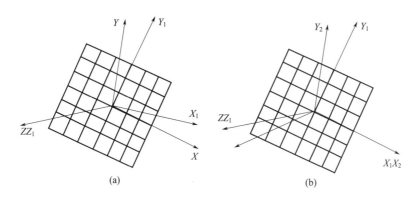

图 7-10　局部坐标系

可以按如图 7-11 所示的方式对局部坐标系进行设置。与 3 个预定义的总体坐标系类似，局部坐标系可以是笛卡尔坐标系、圆柱坐标系或球坐标系。局部坐标系可以是圆的，也可以是椭圆的，另外，还可以建立环形局部坐标系，如图 7-12 所示。图 7-12(a) 表示局部笛卡尔坐标系；图 7-12(b) 表示局部圆柱坐标系；图 7-12(c) 表示局部球坐标系；图 7-12(d) 表示局部环坐标系。

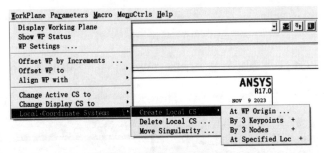

图 7-11　局部坐标系的设置

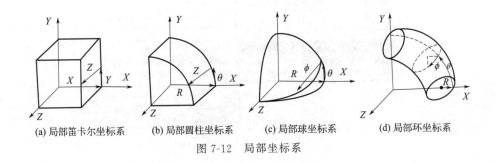

(a) 局部笛卡尔坐标系　　(b) 局部圆柱坐标系　　(c) 局部球坐标系　　(d) 局部环坐标系

图 7-12　局部坐标系

(2) 显示坐标系

显示坐标系用于几何形状参数的列表和显示。在默认情况下，几何参数的列表和几何模型的显示都是基于总体笛卡尔坐标的，可以用图 7-13 所示方法设置显示坐标系。

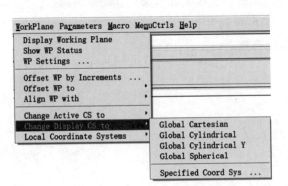

图 7-13　显示坐标系的设置

改变显示坐标系也会影响图形显示。除非有特殊的需要，一般在用诸如"NPLOT""EPLOT"命令显示图形时，应将显示坐标系重置为总体笛卡尔坐标系。DSYS 命令对 LPLOT、APLOT 和 VPLOT 命令无影响。

（3）节点坐标系

总体和局部坐标系用于几何体的定位，而节点坐标系则用于定义每个节点的自由度和节点结果数据的方向。每个节点都有自己的节点坐标系，默认情况下，它总是平行于总体笛卡尔坐标系（与定义节点的激活坐标系无关）。可在"主菜单"中将任意节点坐标系旋转到所需方向，如图 7-14 所示。

（4）单元坐标系

每个单元都有自己的坐标系，单元坐标系用于规定正交材料特性的方向，施加压力和显示结果（如应力应变）的输出方向。所有的单元坐标系都是正交右手系。大多数单元坐标系的默认方向遵循以下规则：

a）线单元的 X 轴通常从该单元的 1 节点指向 J 节点。

b）壳单元的 X 轴通常也取 1 节点到 J 节点的方向，Z 轴过 1 节点且与壳面垂直，其正方向由单元的 I、J 和 K 节点按右手法则确定，Y 轴垂直于 X 轴和 Z 轴。

c）二维和三维实体单元的单元坐标系总是平行于总体笛卡尔坐标系。

并非所有的单元坐标系都符合上述规则，对于特定单元坐标系的默认方向可参考 ANSYS 帮助文档单元说明部分。许多单元类型都有选项（KEYOPTS，在 DT 或 KETOPT 命令中输入），这些选项用于修改单元坐标系的默认方向。对面单元和体单元而言，可在"主菜单"中将单元坐标的方向调整到已定义的局部坐标系上，如图 7-15 所示。

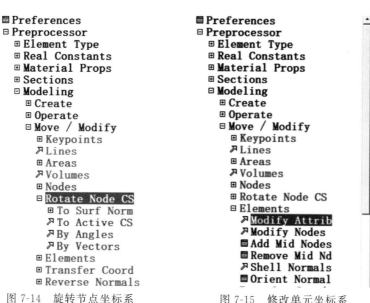

图 7-14　旋转节点坐标系　　　图 7-15　修改单元坐标系

（5）结果坐标系

结果坐标系用来列表、显示或在通用后处理操作中将节点和单元结果转换到一个特定的坐标系中。在求解过程中，计算的结果数据有位移（UX、UY、ROTS 等）、梯度（TGX、TGY 等）、应力（SX、SY、SZ 等）、应变（EPPLX、EPPLXY 等）等，这些数据存储在数据库和结果文件中，要么是在节点坐标系（初始或节点数据），要么是在单元坐标系（导出或单元数据）。但是，结果数据通常是旋转到激活的坐标系（默认为总体坐标系）中来进行云图显示、列表显示和单元数据存储（ETABLE 命令）等操作的。

可以将活动的结果坐标系转到另一个坐标系（如总体坐标系或一个局部坐标系），或转到在求解时所用的坐标系下（例如节点和单元坐标系）。如果列表、显示或操作这些结果数据，则它们将首先被旋转到结果坐标系下。在"主菜单"中利用图 7-16 的方法可改变结果坐标系。

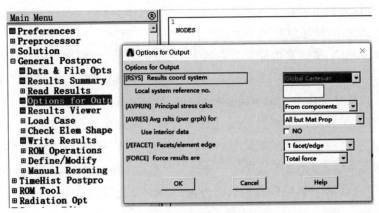

图 7-16　改变结果坐标系

尽管光标在屏幕上只表现为一个点，但它实际上代表的是空间中垂直于屏幕的一条线。为了能用光标拾取一个点，首先必须定义一个假想的平面，当该平面与光标所代表的垂线相交时，能唯一地确定空间中的一个点，这个假想的平面就是工作平面。从另一种角度想象光标与工作平面的关系，可以描述为光标就像一个点在工作平面上来回游荡，工作平面因此就如同可以在上面写字的平板一样，工作平面可以不平行于显示屏，如图 7-17 所示。

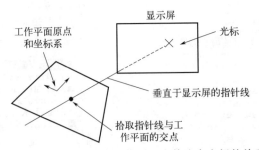

图 7-17　屏幕、光标、工作平面和拾取点之间的关系

工作平面是一个无限平面，有原点、二维坐标系、捕捉增量和显示栅格。在同一时刻只能定义一个工作平面（当定义一个新的工作平面时就会删除已有的工作平面）。工作平面是与坐标系独立使用的。例如，工作平面与激活的坐标系可以有不同的原点和旋转方向。

进入 ANSYS 程序时，有一个默认的工作平面，即总体笛卡尔坐标系的 *X-Y* 平面。工作平面的 *X*、*Y* 轴分别取为总体笛卡尔坐标系的 *X* 轴和 *Y* 轴。可以在"功能菜单"中的"WorkPlane"对工作平面进行设置，如图 7-18 所示。

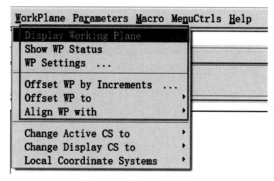

图 7-18　设置工作平面

7.3　前处理模块

7.3.1　几何建模

ANSYS 前处理模块提供了一个强大的实体建模及网格划分工具，用户可以方便地构造有限元模型。对于实体建模，ANSYS 程序提供了两种方法：自顶向下与自底向上。两种建模方法的流程如图 7-19 所示。

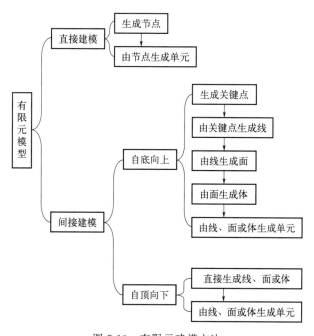

图 7-19　有限元建模方法

　　用自底向上的方法构造模型时，首先定义最低级的图元：关键点。关键点是在当前激活的坐标系内定义的。不必总是按从低级到高级的办法定义所有的图元来生成高级图元，可以直接在它们的顶点由关键点来直接定义面和体。中间的图元需要时可自动生成。例如，定义一个长方体可用 8 个角的关键点来定义，ANSYS 程序会自动地生成该长方体中所有的面和线。可以直接定义关键点，也可以从已有的关键点生成新的关键点，定义好关键点后，可以对它进行查看、选择和删除等操作。

　　而自顶向下的建模方法则是由单个 ANSYS 命令直接创建常用实体模型（如球、正棱柱等）。当生成一个实体模型时，ANSYS 程序会自动生成所有属于该实体的必要的低级图元（如点、线和面）。

　　下面分别对几何模型的操作进行说明，并将相关的 GUI（图形用户界面）操作路径列在对应的表格中。

（1）新建几何模型

　　创建关键点的命令及界面操作路径如表 7-2 所示。

表 7-2　创建关键点

位置	命令	GUI 路径
当前坐标系下	K	Main Menu＞Preprocessor＞Modeling＞Create＞Keypoints＞In Active Cs Main Menu＞Preprocessor＞Modeling＞Create＞Keypoints＞On Working Plane
在线上的指定位置	KL	Main Menu＞Preprocessor＞Modeling＞Create＞Keypoints＞On Line Main Menu＞Preprocessor＞Modeling＞Create＞Keypoints＞On Line w/Ratio

　　线主要用于表示实体的边。像关键点一样，线是在当前激活的坐标系内定义的。并不总是需要明确地定义所有的线，因为 ANSYS 程序在定义面和体时，会自动生成相关的线。只有在生成线单元（例如梁）或想通过线来定义面时，才需要专门定义线。创建线的命令及界面操作路径如表 7-3 所示。

表 7-3　创建线

用法	命令	GUI 路径
在指定的关键点之间创建直线	L	Main Menu＞Preprocessor＞Modeling＞Create＞Lines＞Lines＞In Active Coord
通过 3 个关键点创建弧线	LARC	Main Menu＞Preprocessor＞Modeling＞Create＞Lines＞Ares＞By End KPs & Rad Main Menu＞Preprocessor＞Modeling＞Create＞Lines＞Ares＞Through 3 KPs
创建样条曲线	BSPLIN	Main Menu＞Preprocessor＞Modeling＞Create＞Lines＞Splines＞Spline thru KPs Main Menu＞Preprocessor＞Modeling＞Create＞Lines＞Splines＞Spline thru Locs Main Menu＞Preprocessor＞Modeling＞Create＞Lines＞Splines＞With Options＞Spline thru KPs Main Menu＞Preprocessor＞Modeling＞Create＞Lines＞Splines＞With Options＞Spline thru Locs

续表

用法	命令	GUI 路径
创建圆弧线	CIRCLE	Main Menu＞Preprocessor＞Modeling＞Create＞Lines＞Ares＞By Cent & Radius Main Menu＞Preprocessor＞Modeling＞Create＞Lines＞Arcs＞Full Circle
创建分段式多段线	SPLINE	Main Menu＞Preprocessor＞Modeling＞Create＞Lines＞Splines＞Segmented Spline Main Menu＞Preprocessor＞Modeling＞Create＞Lines＞Splines＞With Options＞Segmented Spline
创建与另一条直线呈一定角度的直线	LANG	Main Menu＞Preprocessor＞Modeling＞Create＞Lines＞Lines＞At Angle toLine Main Menu＞Preprocessor＞Modeling＞Create＞Lines＞Lines＞Normal to Line
创建与另外两条直线呈一定角度的直线	L2ANG	Main Menu＞Preprocessor＞Modeling＞Create＞Lines＞Lines＞Angle to 2 Lines Main Menu＞Preprocessor＞Modeling＞Create＞Lines＞Lines＞Norm to 2 Lines
创建一条与已有线共终点且相切的线	LTAN	Main Menu＞Preprocessor＞Modeling＞Create＞Lines＞Lines＞Tan to 2 Lines
生成一条与两条线相切的线	L2TAN	Main Menu＞Preprocessor＞Modeling＞Create＞Lines＞Lines＞Tan to 2 Lines
生成一个面上两关键点之间最短的线	LAREA	Main Menu＞Preprocessor＞Modeling＞Create＞Lines＞Lines＞Overlaid on Area
通过一个关键点按一定路径延伸成线	LDRAG	Main Menu＞Preprocessor＞Modeling＞Operate＞Extrude＞Lines＞Along Lines
使一个关键点按一条轴旋转生成线	LROTAT	Main Menu＞Preprocessor＞Modeling＞Operate＞Extrude＞Lines＞About Axis
在两相交线之间生成倒角线	LFILLT	Main Menu＞Preprocessor＞Modeling＞Create＞Lines＞Line Fillet
生成与激活坐标系无关的直线	LSTR	Main Menu＞Preprocessor＞Create＞Lines＞Lines＞Straight Line

　　平面可以表示二维实体（例如平板和轴对称实体）。曲面和平面都可以表示三维的面，例如壳、三维实体的面等。跟线类似，只有用到面单元或者由面生成体时，才需要专门定义面。生成面的命令将自动生成依附于该面的线和关键点，同样，面也可以在定义体时自动生成。创建面的命令及界面操作路径如表 7-4 所示。

表 7-4　创建面

用法	命令	GUI 路径
通过顶点定义一个面	A	Main Menu＞Preprocessor＞Modeling＞Create＞Areas＞Arbitrary＞Through KPs

续表

用法	命令	GUI 路径
通过边界线定义一个面	AL	Main Menu＞Preprocessor＞Modeling＞Create＞Areas＞Arbitrary＞By Lines
沿一条路径拖动一条线生成面	ADRAG	Main Menu＞Preprocessor＞Modeling＞Operate＞Extrude＞Along Lines
沿一轴线旋转一条线生成面	AROTAT	Main Menu＞Preprocessor＞Modeling＞Operate＞Extrude＞About Axis
在两面之间生成倒角面	AFILLT	Main Menu＞Preprocessor＞Modeling＞Create＞Areas＞Area Fillet
通过引导线生成光滑曲面	ASKIN	Main Menu＞Preprocessor＞Modeling＞Create＞Areas＞Arbitrary＞By Skinning
通过偏移一个面生成线的面	AOFFST	Main Menu＞Preprocessor＞Modeling＞Create＞Areas＞Arbitrary＞By Offset

体用于描述三维实体，仅当需要用体单元时才必须建立体，生成体的命令将自动生成低级的图元。创建体的命令及界面操作路径如表 7-5 所示。

表 7-5　创建体

用法	命令	GUI 路径
通过顶点定义体	V	Main Menu＞Preprocessor＞Modeling＞Create＞Volumes＞Arbitrary＞Through KPs
通过边界定义体	VA	Main Menu＞Preprocessor＞Modeling＞Create＞Volumes＞Arbitrary＞By Areas
将面沿某个路径拖拉成体	VDRAG	Main Menu＞Preprocessor＞Operate＞Extrude＞Along Lines
将面沿某根轴旋转成体	VROTAT	Main Menu＞Preprocessor＞Modeling＞Operate＞Extrude＞About Axis
将面沿其法向偏移成体	VOFFST	Main Menu＞Preprocessor＞Modeling＞Operate＞Extrude＞Areas＞Along Normal
在当前坐标系下对面进行拖拉和缩放生成体	VEXT	Main Menu＞Preprocessor＞Modeling＞Operate＞Extrude＞Areas＞By XYZ Offset

以上是自底向上建立的基本操作，自顶向下的建模方法采用的命令和界面操作步骤如表 7-6、表 7-7 所示。

表 7-6　直接创建面

用法	命令	GUI 路径
在工作平面上创建矩形	RECTNG	Main Menu＞Preprocessor＞Modeling＞Create＞Areas＞Rectangle＞By Dimensions
通过角点生成矩形	BLC4	Main Menu＞Preprocessor＞Modeling＞Create＞Areas＞Rectangle＞By 2 Corners
通过中心和角点生成矩形	BLC5	Main Menu＞Preprocessor＞Modeling＞Create＞Areas＞Rectangle＞By Centr & Cornr
在工作平面上生成以其原点为圆心的环形面	PCIRC	Main Menu＞Preprocessor＞Modeling＞Create＞Circle＞By Dimensions

续表

用法	命令	GUI 路径
在工作平面上生成环形面	CYL4	Main Menu＞Preprocessor＞Modeling＞Create＞Circle＞Annulus or＞Partial Annulus or＞Solid Circle
通过端点生成环形面	CYL5	Main Menu＞Preprocessor＞Modeling＞Create＞Polygon＞By Circumscr Rad or＞By Inscribed Rad or＞By Side Length
以工作平面原点为中心创建正多边形	RPOLY	Main Menu＞Preprocessor＞Modeling＞Create＞Polygon＞Byscr Rad or＞By Inscribed Rad or＞By Side Length
在工作平面任意位置创建正多边形	RPR4	Main Menu＞Preprocessor＞Modeling＞Create＞Polygon＞Hexagonor＞Octagon or＞Pentagon or＞Septagon or＞Square or＞Triangle
基于工作平面坐标生成任意多边形	POLY	无

表 7-7 直接创建体

用法	命令	GUI 路径
在工作平面上创建长方体	BLOCK	Main Menu＞Preprocessor＞Modeling＞Create＞Volumes＞Block＞By Dimensions
通过角点生成长方体	BLC4	Main Menu＞Preprocessor＞Modeling＞Create＞Volumes＞Block＞By 2 Corners & Z
通过中心和角点生成长方体	BLC5	Main Menu＞Preprocessor＞Modeling＞Create＞Volumes＞Block＞By Centr,Cornr,Z
以工作平面原点为圆心生成圆柱体	CYLIND	Main Menu＞Preprocessor＞Modeling＞Create＞Volumes＞Cylinder＞By Dimensions
在工作平面的任意位置创建圆柱体	CYL4	Main Menu＞Preprocessor＞Modeling＞Create＞Volumes＞Cylinder＞Hollow Cylinder or＞Partial Cylinder or＞Solid Cylinder
通过端点创建圆柱体	CYL5	Main Menu＞Preprocessor＞Modeling＞Create＞Volumes＞Cylinder＞By End Pts & Z
以工作平面的原点为中心创建正棱柱体	RPRISM	Main Menu＞Preprocessor＞Modeling＞Create＞Volumes＞Prism＞By Circumser Rad or＞By Inscribed Rad or＞By Side Length
在工作平面的任意位置创建正棱柱体	RPR4	Main Menu＞Preprocessor＞Modeling＞Create＞Volumes＞Cylinder＞Hollow Cylinder or＞Partial Cylinder or＞Solid Cylinder
基于工作平面坐标创建任意多棱柱体	PRISM	无
以工作平面原点为中心创建球体	SPHERE	Main Menu＞Preprocessor＞Modeling＞Create＞Volumes＞Sphere＞By Dimensions
在工作平面任意位置创建球体	SPH4	Main Menu＞Preprocessor＞Modeling＞Create＞Volumes＞Sphere＞Hollow Sphere or＞Solid Sphere
通过直径的端点创建球体	SPH5	Main Menu＞Preprocessor＞Modeling＞Create＞Volumes＞Sphere＞By End Points
以工作平面原点为中心创建圆锥体	CONE	Main Menu＞Preprocessor＞Modeling＞Create＞Volumes＞Cone＞By Dimensions
在工作平面任意位置创建圆锥体	CON4	Main Menu＞Preprocessor＞Modeling＞Create＞Volumes＞Cone＞By Picking
生成环体	TORUS	Main Menu＞Preprocessor＞Modeling＞Create＞Volumes＞Torus

（2）从已有几何体创建几何体

根据已有几何体创建新的几何体的命令和界面操作如表7-8～表7-11所示。

表7-8　根据已有点生成关键点

用法	命令	GUI 路径
在两个关键点之间创建一个新的关键点	KEBTW	Main Menu＞Preprocessor＞Modeling＞Create＞Keypoints＞KP between KPs
在两个关键点之间填充多个关键点	KFILL	Main Menu＞Preprocessor＞Modeling＞Create＞Keypoints＞Fill between KPs
在三点定义的圆弧中心定义关键点	KCENTER	Main Menu＞Preprocessor＞Modeling＞Create＞Keypoints＞KP at Center
由一种模式的关键点生成另外的关键点	KGEN	Main Menu＞Preprocessor＞Modeling＞Copy＞Keypoints
从已给定模型的关键点生成一定比例的关键点	KSCALE	无
通过映像产生关键点	KSYMM	Main Menu＞Preprocessor＞Modeling＞Reflect＞Keypoints
将一种模式的关键点转到另外一个坐标系中	KTRAN	Main Menu＞Preprocessor＞Modeling＞Move/Modify＞Transfer Coord＞Keypoints
给未定义的关键点定义一个默认位置	SOURCE	无
计算并移动一个关键点到一个交点上	KMOVE	Main Menu＞Preprocessor＞Modeling＞Move/Modify＞Keypoint＞To Intersect
在已有节点处定义一个关键点	KNODE	Main Menu＞Preprocessor＞Modeling＞Create＞Keypoints＞On Node
计算两关键点之间的距离	KDIST	Main Menu＞Preprocessor＞Modeling＞Check Geom＞KP distances
修改关键点的坐标系	KMODIF	Main Menu＞Preprocessor＞Modeling＞Move/Modify＞Keypoints＞Set of KPs Main Menu＞Preprocessor＞Modeling＞Move/Modify＞Keypoints＞Single KP

表7-9　根据已有线生成线

用法	命令	GUI 路径
通过已有线生成新线	LGEN	Main Menu＞Preprocessor＞Modeling＞Copy＞Lines Main Menu＞Preprocessor＞Modeling＞Move/Modify＞Lines
从已有线对称映像生成新线	LSYMM	Main Menu＞Preprocessor＞Modeling＞Reflect＞Lines
将已有线转到另一个坐标系	LTRAN	Main Menu＞Preprocessor＞Modeling＞Move/Modify＞Transfer Coord Lines

表7-10　根据已有面生成面

用法	命令	GUI 路径
通过已有面生成另外的面	AGEN	Main Menu＞Preprocessor＞Modeling＞Copy＞Areas Main Menu＞Preprocessor＞Modeling＞Move/Modify＞Areas＞Areas

续表

用法	命令	GUI 路径
通过对称映像生成面	ARSYM	Main Menu＞Preprocessor＞Modeling＞Reflect＞Areas
将面转到另外的坐标系下	ATRAN	Main Menu＞Preprocessor＞Modeling＞Move/Modify＞Transfer Coord＞Areas
复制一个面的部分	ASUB	Main Menu＞Preprocessor＞Modeling＞Create＞Areas＞Arbitrary＞Overlaid on Area

表 7-11 根据已有体生成体

用法	命令	GUI 路径
由一种模式的体生成另外的体	VGEN	Main Menu＞Preprocessor＞Modeling＞Copy＞Volumes Main Menu＞Preprocessor＞Modeling＞Move/Modify＞Volumes
通过对称映像生成体	VSYMM	Main Menu＞Preprocessor＞Modeling＞Reflect＞Volumes
将体转到另外的坐标系	VTRAN	Main Menu＞Preprocessor＞Modeling＞Move/Modify＞Transfer Coord＞Volumes

(3) 修改几何模型

修改几何模型的命令和界面操作方法如表 7-12～表 7-16 所示。

表 7-12 修改线

用法	命令	GUI 路径
将一条线分成更小的线段	LDIV	Main Menu＞Preprocessor＞Modeling＞Operate＞Booleans＞Divide＞Line into 2 Ln's Main Menu＞Preprocessor＞Modeling＞Operate＞Booleans＞Divide＞Line into N Ln's Main Menu＞Preprocessor＞Modeling＞Operate＞Booleans＞Divide＞Lines w/ Options
将一条线与另一条线合并	LCOMB	Main Menu＞Preprocessor＞Modeling＞Operate＞Booleans＞Add＞Lines
将线的一端延长	LEXTND	Main Menu＞Preprocessor＞Modeling＞Operate＞Extend Line

表 7-13 布尔交运算

用法	命令	GUI 路径
线相交	LINL	Main Menu＞Preprocessor＞Modeling＞Operate＞Booleans＞Intersect＞Common＞Lines
面相交	AINA	Main Menu＞Preprocessor＞Modeling＞Operate＞Booleans＞Intersect＞Common＞Areas
体相交	VINV	Main Menu＞Preprocessor＞Modeling＞Operate＞Booleans＞Intersect＞Common＞Volumes
线和面相交	LINA	Main Menu＞Preprocessor＞Modeling＞Operate＞Booleans＞Intersect＞Line with Area
面和体相交	AINV	Main Menu＞Preprocessor＞Modeling＞Operate＞Booleans＞Intersect＞Area with Volume
线和体相交	LINV	Main Menu＞Preprocessor＞Modeling＞Operate＞Booleans＞Intersect＞Line with Volume

第 7 章

表 7-14　布尔两两相交运算

用法	命令	GUI 路径
线两两相交	LINP	Main Menu ＞ Preprocessor ＞ Modeling ＞ Operate ＞ Booleans ＞ Intersect＞Pairwise＞Lines
面两两相交	AINP	Main Menu ＞ Preprocessor ＞ Modeling ＞ Operate ＞ Booleans ＞ Intersect＞Pairwise＞Areas
体两两相交	VINP	Main Menu ＞ Preprocessor ＞ Modeling ＞ Operate ＞ Booleans ＞ Intersect＞Pairwise＞Volumes

表 7-15　布尔加运算

用法	命令	GUI 路径
面相加	AADD	Main Menu＞Preprocessor＞Modeling＞Operate＞Booleans＞Add＞Areas
体相加	VADD	Main Menu＞Preprocessor＞Modeling＞Operate＞Booleans＞Add＞Volumes

表 7-16　布尔减运算

用法	命令	GUI 路径
线减去线	LSBL	Main Menu ＞ Preprocessor ＞ Modeling ＞ Operate ＞ Booleans ＞ Subtract＞Lines Main Menu＞Preprocessor＞Modeling＞Operate＞Booleans＞Subtract＞With Options＞Lines Main Menu＞Preprocessor＞Modeling＞Operate＞Booleans＞Divide＞Line by Line Main Menu＞Preprocessor＞Modeling＞Operate＞Booleans＞Divide＞With Options＞Line by Line
面减去面	ASBA	Main Menu ＞ Preprocessor ＞ Modeling ＞ Operate ＞ Booleans ＞ Subtract＞Areas Main Menu＞Preprocessor＞Modeling＞Operate＞Booleans＞Divide＞Area by Area Main Menu＞Preprocessor＞Modeling＞Operate＞Booleans＞Divide＞With Options＞Area by Area Main Menu＞Preprocessor＞Modeling＞Operate＞Booleans＞Subtract＞With Options＞Areas
体减去体	VSBA	Main Menu ＞ Preprocessor ＞ Modeling ＞ Operate ＞ Booleans ＞ Subtract＞Volumes Main Menu＞Preprocessor＞Modeling＞Operate＞Booleans＞Subtract＞With Options＞Volumes
线减去面	LSBA	Main Menu＞Preprocessor＞Modeling＞Operate＞Booleans＞Divide＞Line by Area Main Menu＞Preprocessor＞Modeling＞Operate＞Booleans＞Divide＞With Options＞Line by Area
线减去体	LSBV	Main Menu＞Preprocessor＞Modeling＞Operate＞Booleans＞Divide＞Line by Volume Main Menu＞Preprocessor＞Modeling＞Operate＞Booleans＞Divide＞With Options＞Line by Volume

续表

用法	命令	GUI 路径
体减去面	ASBV	Main Menu>Preprocessor>Modeling>Operate>Booleans>Divide>Area by Volume Main Menu>Preprocessor>Modeling>Operate>Booleans>Divide>With Options>Area by Volume
面减去线	ASBL	Main Menu>Preprocessor>Modeling>Operate>Booleans>Divide>Area by Line Main Menu>Preprocessor>Modeling>Operate>Booleans>Divide>With Options>Area by Line
体减去面	VSBA	Main Menu>Preprocessor>Modeling>Operate>Booleans>Divide>Volume by Area Main Menu>Preprocessor>Modeling>Operate>Booleans>Divide>With Options>Volume by Area

此外，ANSYS 还提供了对所有几何模型的移动、复制和缩放操作，操作方式如图 7-20 所示。

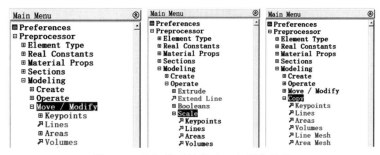

图 7-20　几何模型的移动、复制和缩放

（4）查看和删除几何模型

查看和删除几何模型的命令和界面操作方法如表 7-17～表 7-20 所示。

表 7-17　查看、删除和选择关键点

用法	命令	GUI 路径
列表显示关键点	KLIST	Utility Menu>List>Keypoint>Coordinates ＋Attributes Utility Menu>List>Keypoint>Coordinates only Utility Menu>List>Keypoint>Hard Points
选择关键点	KSEL	Utility Menu>Select>Entities
屏幕显示关键点	KPLOT	Utility Menu>Plot>Keypoints>Keypoints Utility Menu>Plot>Specified Entities>Keypoints
删除关键点	KDELE	Main Menu>Preprocessor>Modeling>Delete>Keypoints

表 7-18　查看和删除线

用法	命令	GUI 路径
列表显示线	LLIST	Utility Menu>List>Lines Utility Menu>List>Picked Entities>Lines

续表

用法	命令	GUI 路径
屏幕显示线	LPLOT	Utility Menu＞Plot＞Lines Utility Menu＞Plot＞Specified Entities＞Lines
选择线	LSEL	Utility Menu＞Select＞Entities
删除线	LDELE	Main Menu＞Preprocessor＞Modeling＞Delete＞Line and Below Main Menu＞Preprocessor＞Modeling＞Delete＞Lines Only

表 7-19 查看、选择和删除面

用法	命令	GUI 路径
列表显示面	ALIST	Utility Menu＞List＞Areas Utility Menu＞List＞Picked Entities＞Areas
屏幕显示面	APLOT	Utility Menu＞Plot＞Areas Utility Menu＞Plot＞Specified Entities＞Areas
选择面	ASEL	Utility Menu＞Select＞Entities
删除面	ADELE	Main Menu＞Preprocessor＞Modeling＞Delete＞Area and Below Main Menu＞Preprocessor＞Modeling＞Delete＞Areas Only

表 7-20 查看、选择和删除体

用法	命令	GUI 路径
列表显示体	VLIST	Utility Menu＞List＞Picked Entities＞Volumes Utility Menu＞List＞Volumes
屏幕显示体	VPLOT	Utility Menu＞Plot＞Specified Entities＞Volumes Utility Menu＞Plot＞Volumes
选择体	VSEL	Utility Menu＞Select＞Entities
删除体	VDELE	Main Menu＞Preprocessor＞Modeling＞Delete＞Volume and Below Main Menu＞Preprocessor＞Modeling＞Delete＞Volumes Only

【例 7-1】 导弹发动机弹药几何建模。

由于药柱的模型在横向上的剖面都一样，所以可以先建立横向的平面模型，再拉伸得到立体模型。根据对称性，可以先建立模型的 1/16（如图 7-21 所示），然后通过镜像和复制得到全模型。

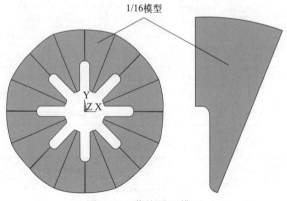

图 7-21 药柱平面模型

(1) 定义关键点

定义关键点的 GUI 路径："Main Menu" > "Preprocessor" > "Modeling" > "Create" > "Keypoints" > "In Active CS"。按以上路径操作后弹出如图 7-22 所示的对话框，按照图示输入关键点 1 (0, 0.193, 0) 的坐标值，用同样的方法依次输入关键点 2 (0, 0.119, 0)、关键点 3 (0, 0.050, 0)、关键点 4 (0.0125, 0.119, 0) 和关键点 5 (0.0125, 0, 0)。再转换激活的坐标系为柱坐标系（如图 7-23 所示），用同样的方法再创建关键点 6 (0.197, 67.5, 0) 和关键点 7 (0.050, 67.5, 0)，创建完关键点后将坐标系仍然转换到默认的笛卡尔坐标系。需要注意的是，ANSYS 对单位没有严格的区分，原则上建议读者按照国际单位转换输入，避免之后复杂的单位制转换。

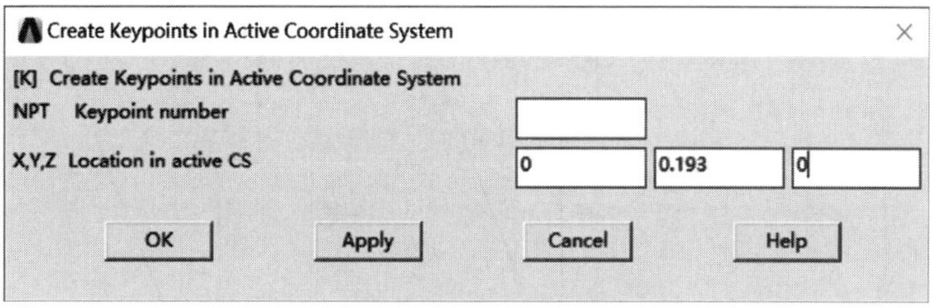

图 7-22 创建关键点界面

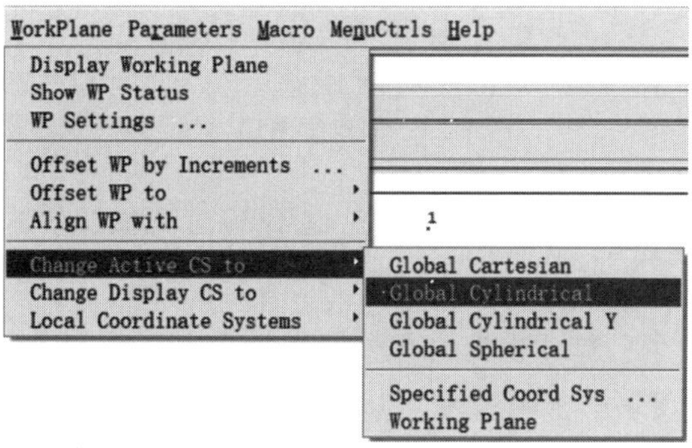

图 7-23 调整激活坐标系界面

(2) 由关键点创建线

由关键点创建线的 GUI 路径："Main Menu" > "Preprocessor" > "Modeling" > "Create" > "Lines" > "Lines" > "In Active Coord"。按以上路径操作后在屏幕上分别单击关键点 1 和 2，将连接成线 1，依次将关键点 2 和 4，关键点 4 和 5，关键点 6 和 7 连接成线。下一步将创建圆弧，可以在笛卡尔坐标系中创建圆弧，这里采用了另外的方式，即在柱坐标系中创建线（该线也就是圆弧）。首先将笛卡尔坐标系转换为柱坐标系，采用图 7-23 的方法，依次连接关键点 6 和 1、关键点 3 和 7，操作完成之后记得再将坐标系改为笛卡尔坐标系。为了能确切地显示各关键点和线的编号，需要执行以下操作："Plot Ctrls" > "Numbering"。

图 7-24(a) 所示跟实际的截面模型已经相差不大了，接下来需要将多余的线删除，以及在部分地方创建圆角。之前已经学过了删除线的方法，但是该方法将会把整条线给

删除掉。而需要删除的线的部分仍然依附在整条线上，所以要首先对该线进行搭接处理，其 GUI 操作为： "Main Menu" > "Preprocessor" > "Modeling" > "Operate" > "Booleans" > "Overlap" > "Lines"。分别选择线 3 和线 6，单击"OK"按钮，操作完成后如图 7-24(b) 所示。可以发现之前的线 3 和线 6 经过搭接操作后变成了线 7、8、9、10。之后对线 7、9 进行删除操作，就可以得到想要的图形了。删除操作的 GUI 操作为："Main Menu" > "Preprocessor" > "Modeling" > "Delete" > "Lines Only"，分别选择线 7 和线 9，单击"OK"按钮，操作完成后如图 7-24(c) 所示。

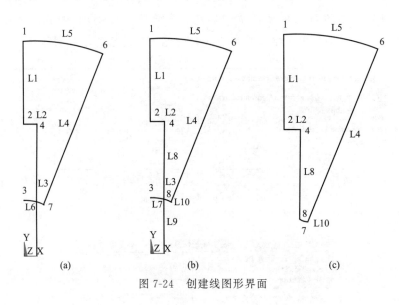

图 7-24　创建线图形界面

接下来对线 2 和线 8，以及线 8 和线 10 进行倒圆角操作，其 GUI 操作为："Main Menu" > "Preprocessor" > "Modeling" > "Create" > "Lines" > "Line Fillet"。单击线 2 和线 8，在弹出的对话框中输入半径为 0.0075，如图 7-25(a) 所示。用同样的操作在线 8 和线 10 之间倒一个半径为 0.0075 的圆角，这样药柱横截面的边界图形就已经形成了，如图 7-25(b) 所示。

（3）由线创建面

目前得到的图形仅仅是由线构成的，需要对这些线进行生成面的操作，其 GUI 操作为："Main Menu" > "Preprocessor" > "Modeling" > "Create" > "Areas" > "Arbitrary" > "By Lines"，在弹出的图 7-26 所示的对话框中，选中"Loop"选项，再任意选择一条线，ANSYS 将自动选择该线所在的一条封闭环，单击"OK"按钮即生成了一个面，如图 7-26 所示，至此药柱的横截面已经形成。

（4）由面创建体

前面已经说过，该药柱可以通过横截面拉伸直接得到，因此首先需要确定拉伸的方向，为此要重新创建一条拉伸路径。用前面的方法先创建两个关键点（0，0，0）和（0，0，1），连接这两个关键点得到线 7 作为拉伸的路径。拉伸的 GUI 操作为："Main Menu" > "Preprocessor" > "Operate" > "Extrude" > "Along Lines"，在弹出的

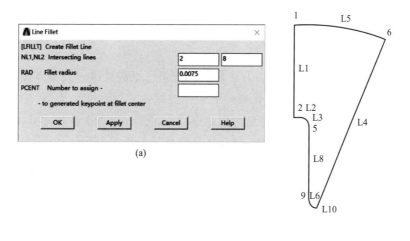

(a)

(b)

图 7-25　倒圆角设置及效果

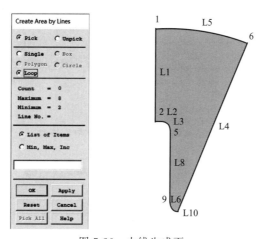

图 7-26　由线生成面

对话框中先选择面 1，单击"OK"按钮后，再选择刚刚生成的线 7，单击"OK"按钮后，将生成一个体。将临时形成的线 7 删后，药柱的 1/16 模型已经完全生成，如图 7-27 所示。利用模型的对称性，可以将该 1/16 模型作为后续分析的原始模型。

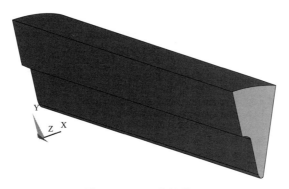

图 7-27　1/16 药柱模型

(5) 生成全药柱模型

生成全药柱模型要对 1/16 药柱模型进行镜像和复制操作，镜像的 GUI 操作为："Main Menu"＞"Preprocessor"＞"Modeling"＞"Reflect"＞"Volumes"。选择刚刚生成的体 1，单击"OK"按钮，在弹出的对话框中将镜像面设置成 Y-Z 平面，如图 7-28(a) 所示，单击"OK"按钮后，生成的图形如图 7-28(b) 所示。然后再将生成的两个体做复制操作，因为是沿着周向均布成 8 个，所以需要重新转换为柱坐标系，再做复制操作。复制的 GUI 操作为："Main Menu"＞"Preprocessor"＞"Modeling"＞"Copy"＞"Volumes"或"Main Menu"＞"Preprocessor"＞"Modeling"＞"Move/Modify"＞"Volumes"。选择体 1、体 2，单击"OK"按钮，在弹出的对话框中设置相关参数如图 7-29(a) 所示，即沿环向偏移 45°角，均步 8 个，单击"OK"按钮后，最终生成的全药柱模型如图 7-29(b) 所示。

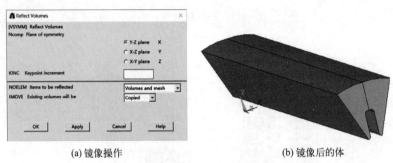

(a) 镜像操作   (b) 镜像后的体

图 7-28   镜像操作与生成后的体

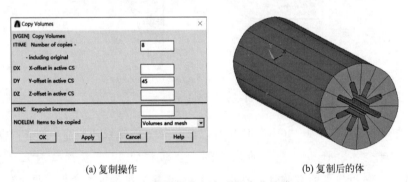

(a) 复制操作   (b) 复制后的体

图 7-29   复制操作与完成的全药柱模型

ANSYS 对图形的旋转和拖放操作可以通过工具条的"Dynamic Model Mode"按钮实现，当该按钮被激活时，按住鼠标左键可以平移模型，按住鼠标右键可以自由地旋转模型，大大方便了对模型的操作。

除了自底向上的建模方法外，还可以通过自顶向下的建模方式以及将在其他三维 CAD 软件中制作的模型导入 ANSYS 中等方法生成几何模型。

7.3.2　网格划分

网格划分是进行有限元分析的基础，它要求考虑的问题较多，需要的工作量较大，所划分的网格形式对计算精度和计算规模将产生直接影响，因此需要学习正确合理的网格划分方法。

在生成节点和单元网格之前，必须定义合适的单元属性，包括如下几项：

① 单元类型（例如：BEAM3、SHELL61 等）。

② 实常数（例如：厚度和横截面积）。

③ 材料性质（例如：弹性模量、泊松比、热传导系数等）。

④ 单元坐标系。

⑤ 截面号（只对 BEAM44、BEAM188、BEAM189 单元有效）。

为了定义单元属性，首先必须建立一些单元属性表。典型的包括单元类型（命令 ET 或者 GUI 路径："Main Menu" > "Preprocessor" > "Element Type" > "Add/Edit/Delete"）、实常数（命令 R 或者 GUI 路径："Main Menu" > "Preprocessor" > "Real Constants"）、材料性质（命令 MP 和 TB 或者 GUI 路径："Main Menu" > "Preprocessor" > "Material Props" > "material option"）。

利用 LOCAL、CLOCAL 等命令可以组集坐标系表（GUI 路径："Utility Menu" > "WorkPlane" > "Local Coordinate Systems" > "Create Local CS" > "option"）。这个表用来给单元分配单元坐标系。

并非所有的单元类型都可用这种方式来分配单元坐标系。对于用 BEAM44、BEAM188、BEAM189 单元划分的梁网格，可利用命令 SECTYPE 和 SECDATA（GUI 路径："Main Menu" > "Preprocessor" > "Sections"）创建截面号表格。

方向关键点是线的属性而不是单元的属性，不能创建方向关键点表格。可以用命令 ETLIST 来显示单元类型，用命令 RLIST 来显示实常数，用命令 MPLIST 来显示材料属性，上述操作对应的 GUI 路径是："Utility Menu" > "List>Properties" > "Property Type"。另外，还可以用命令 CSLIST（GUI 路径："Utility Menu" > "List" > "Other" > "Local Coord Sys"）来显示坐标系，用命令 SLIST（GUI 路径："Main Menu" > "Preprocessor" > "Sections List Sections"）来显示截面号。

一旦建立单元属性表，就可以通过指向表中合适的条目对模型的不同部分分配单元属性。指针就是参考号码集，包括材料号（MAT）、实常数号（TEAL）、单元类型号（TYPE）、坐标系号（ESYS）以及使用 BEAM188 和 BEAM189 单元时的截面号（SECNUM）。可以直接给所选的实体模型图元分配单元属性，或者定义默认的属性在生成单元的网格划分中使用。

给实体模型分配单元属性的操作界面如图 7-30 所示。

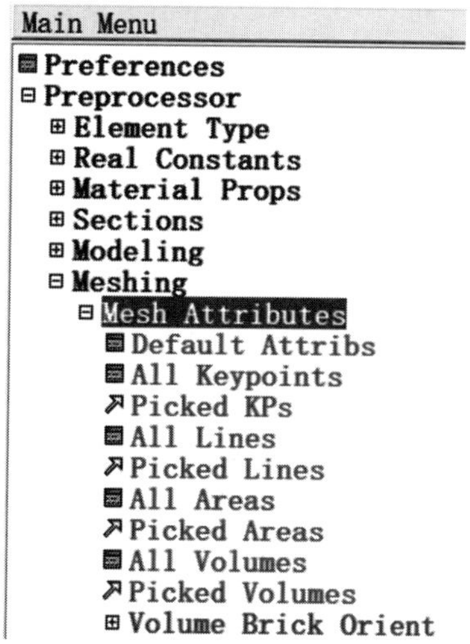

网格划分控制能用来建立实体模型划分网格的

图 7-30 实体模型分配单元属性

因素，例如单元形状、中间节点位置、单元大小等。此步骤是整个分析中最重要的步骤之一，因为此阶段得到的有限元网格将对分析的准确性和经济性起决定作用。

ANSYS网格划分工具（GUI路径："Main Menu" > "Preprocessor" > "Meshing" > "MeshTool"）提供了最常用的网格划分控制和最常用的网格划分操作的便捷途径。网格划分工具如图7-31(a) 所示，其功能主要包括：

① 控制 Smart Sizing 水平。

② 设置单元尺寸控制。

③ 指定单元形状。

④ 指定网格划分类型（自由或映射）。

⑤ 对实体模型图元划分网格。

⑥ 清除网格。

⑦ 细化网格。

更多网格控制方法的操作如图 7-31(b) 所示，可查阅软件帮助文档获取更多信息。

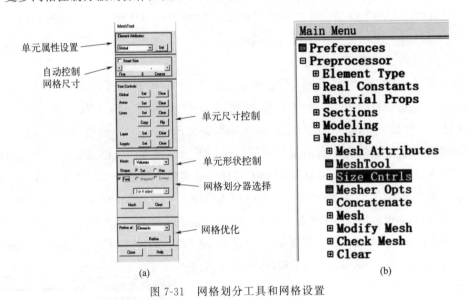

(a)   (b)

图 7-31 网格划分工具和网格设置

【例 7-2】 导弹发动机弹药网格划分。

前面章节中对星形药柱进行了几何建模，这一节将在此基础上对星形药柱进行网格划分。首先设定单元属性，由于需要对药柱在温度和内压载荷作用下进行结构分析，所以在这里采用比较简单的Solid185单元，该单元是空间8节点且具有3个位移自由度的六面体单元。设定单元属性的 GUI 操作为："Main Menu" > "Preprocessor" > "Element Type" > "Add/Edit/Delete"，在弹出的对话框中进行如图 7-32 所示的设置，单击"OK"按钮后在单元列表中可以发现增加了 Solid185 单元。

接下来设置材料属性，其 GUI 操作为："Main Menu" > "Preprocessor" > "Material Props" > "material model"，在弹出的如图 7-33 所示的对话框中设置药柱材料的线弹性参数，其中"EX"代表弹性模量，"PRXY"代表泊松比。除此之外还需要设定材料的热膨胀系数，如图 7-34 所示，进入热膨胀系数设置界面，在弹出的对话框中，将参考温度设为"58"，热膨胀系数设为"0.652E-4"，单击"OK"按钮后完成材料属性设置。

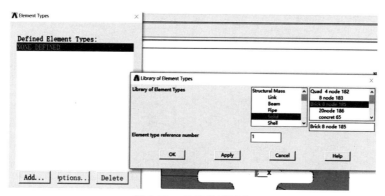

图 7-32　创建单元列表

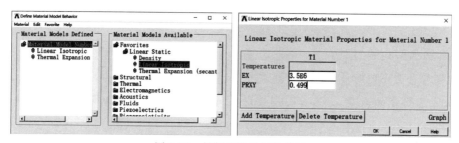

图 7-33　材料线弹性属性设置

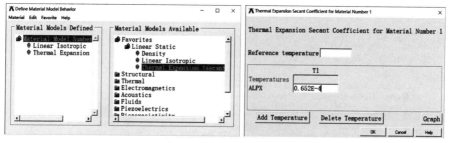

图 7-34　热膨胀系数设置

由于该模型只有药柱一种材料，也只采用一种单元，所以划分网格时系统将默认的单元和材料分配给药柱模型，接下来将对模型进行网格划分。为了熟悉各种网格划分的方法和流程，我们采用映射的方法生成网格。

由于映射分网对几何模型有特殊的限制，对于平面来说，该面必须由 3 条线或 4 条线组成。如果是 4 条线，面的对边必须划分为相同数目的单元，或者是划分为一过渡性网格。如果是 3 条线，则线分割总数必须为偶数且每条边的分割数相同。可以看出面 1 由 8 条边组成，为了采用映射分网，首先对线进行合并或连接，这里采用了对线的连接处理。

(1) 合并边线

将线 2、3、8、6、10 连接，其 GUI 操作为："Main Menu" > "Preprocessor" >

"Meshing" ＞ "Mesh" ＞ "Areas" ＞ "Mapped" ＞ "Concatenate" ＞ "Lines"，在弹出的对话框中连续选择线 2、3、8、6、10，单击 "OK" 按钮后，可以发现在原来线的基础上重新形成了一条线 385，如图 7-35 所示。

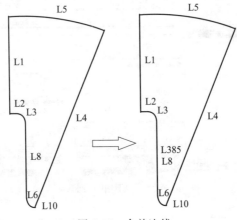

图 7-35　合并边线

（2）设置网格线的大小

可根据自由分网的操作，依次将线 1、4 的 LEsize 设置成 10，线 5 的 LEsize 设置成 20（注意划分的数量必须满足映射网格的要求），这样整体将划分成 200 个网格单元。

（3）映射网格划分面

由于横截面的网格单元必须是二维的，所以需再设置一种二维网格单元 "Mesh200"，增加单元类型 Mesh200，如图 7-36 所示。对 Mesh200 的属性做如下设置：选中 Mesh200 单元，单击 "Option" 选项，在弹出的对话框中将 "K1" 设置成 "QUAD 4-NODE"，如图 7-37 所示。

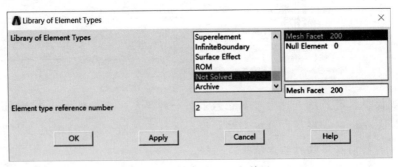

图 7-36　创建 Mesh200 单元

在 MeshTool 对话框中选中 "Mapped"，"Mesh" 的对象选择 "Areas"，"Shape" 选择 "Quad"，如图 7-38 所示。然后单击 "Mesh" 按钮，在屏幕上选择面 1，即可对面 1 进行映射网格划分，分网后的结果如图 7-38 所示。如果觉得网格质量太疏，可以调整整体网格尺寸大小，以及在内表面加密网格。

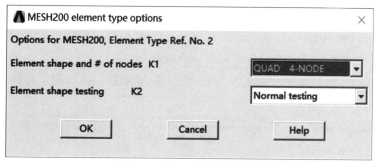

图 7-37　设置 Mesh200 形状

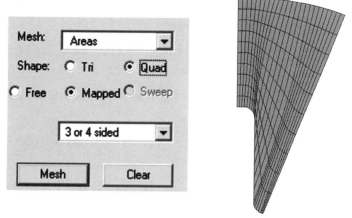

图 7-38　生成截面网格

通过截面网格扫掠生成体的 GUI 操作为："Main Menu" > "Preprocessor" > "Meshing" > "Mesh" > "Volume Sweep" > "Sweep Opts"。在弹出的对话框中设置在扫略的方向上分成 50 份，单击 "OK" 按钮后，先选择体 1，然后选择源面（面 1），单击 "Apply" 按钮，再选择目标面（面 10），单击 "OK" 按钮，将在体 1 上生成扫略网格，如图 7-39 所示。

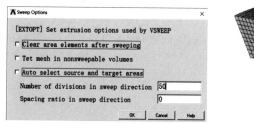
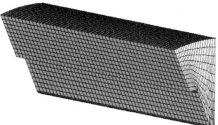

图 7-39　通过截面网格扫掠生成体

7.3.3　施加载荷

建立完有限元分析模型之后，就需要在模型上施加载荷来检查结构或构件对一定载荷条件的响应。

第 7 章

载荷分为 6 类：

① DOF（约束自由度）：某些自由度为给定的已知值。例如，结构分析中指定节点位移或者对称边界条件等，热分析中指定节点温度等。

可以将约束施加于节点、关键点、线和面上。下面是一些可用于施加 DOF 约束的 GUI 路径的例子：

GUI："Main Menu" > "Preprocessor" > "Loads" > "Define Loads" > "Apply" > "load type" > "On Nodes"。

GUI："Utility Menu" > "List" > "Loads" > "DOF Constraints" > "On All Keypoints"。

GUI："Main Menu" > "Solution" > "Define Loads" > "Apply" > "load type" > "On Lines"。

② 力（集中载荷）：施加于模型节点上的集中载荷。例如，结构分析中的力和力矩、热分析中的热流率、磁场分析中的电流。

可以将集中载荷施加于节点和关键点上。下面是一些用于施加集中力载荷的 GUI 路径的例子：

GUI："Main Menu" > "Preprocessor" > "Loads" > "Define Loads" > "Apply" > "load type" > "On Nodes"。

GUI："Utility Menu" > "List" > "Loads" > "Forces" > "On Keypoints"。

GUI："Main Menu" > "Solution" > "Define Loads" > "Apply" > "load type" > "On Lines"。

③ 表面载荷：施加于某个表面上的分布载荷。例如，结构分析中的压力、热力分析中的对流量和热通量。

不仅可以将表面载荷施加在线和面上，还可以施加于节点和单元上。下面是一些用于施加表面载荷的 GUI 路径的例子：

GUI："Main Menu" > "Preprocessor" > "Loads" > "Define Loads" > "Apply" > "load type" > "On Nodes"。

GUI："Utility Menu" > "List" > "Loads" > "Surface Loads" > "On Elements"。

GUI："Main Menu" > "Solution" > "Loads" > "Define Loads" > "Apply" > "load type" > "On Lines"。

④ 体积载荷：施加在体积上的载荷或者场载荷。例如，结构分析中的温度、热力分析中的内部热源密度、磁场分析中的磁场通量。

可以将体积载荷施加在节点、单元、关键点、线、面和体上。下面是一些用于施加体积载荷的 GUI 路径的例子：

GUI："Main Menu" > "Preprocessor" > "Loads" > "Define Loads" > "Apply" > "load type" > "On Nodes"。

GUI："Utility Menu" > "List" > "Loads" > "Body Loads" > "On Picked Elems"。

GUI："Main Menu" > "Solution" > "Loads" > "Define Loads" > "Apply" > "load type" > "On Keypoints"。

"GUI："Utility Menu" > "List" > "Load" > "Body Loads" > "On Picked Lines"。

GUI："Main Menu" > "Solution" > "Load" > "Apply" > "load type" > "On Volumes"。

在节点指定的体积载荷独立于单元上的载荷。对于一个给定的单元，ANSYS 程序按下列方法决定使用哪一载荷。

a）ANSYS 程序检查是否对单元指定体积载荷。

b）如果不是，则使用指定给节点的体积载荷。

c）如果单元或节点上没有体积载荷，则通过 BFUNIF 命令指定的体积载荷生效。

⑤ 惯性载荷：由物体惯性引起的载荷，如重力加速度引起的重力、角速度引起的离心力等。主要在结构分析中使用。

没有用于列表显示或删除惯性载荷的专门命令。要列表显示惯性载荷，执行 STAT、INRTIA（"Utility Menu" > "List" > "Status" > "Soluion" > "Inerti Loads"）。要去除惯性载荷，只需将载荷值设置为 0。可以将惯性载荷设置为 0，但是不能删除惯性载荷。对逐步上升的载荷步，惯性载荷的斜率为 0。

ACEL、OMEGA 和 DOMEGA 命令分别用于指定在整体笛卡尔坐标系中的加速度，角速度和角加速度。

ACEL 命令用于对物体施加一加速场（非重力场）。因此，要施加作用于负 Y 方向的重力，应指定一个正 Y 方向的加速度。

使用 CGOMGA 和 DCGOMG 命令指定一旋转物体的角速度和角加速度，该物体本身正相对于另一个参考坐标系旋转。CGLOC 命令用于指定参照系相对于整体，笛卡尔坐标系的位置。例如：在静态分析中，为了考虑 Coriolis 效果，可以使用这些命令。

惯性载荷当模型具有质量时有效。惯性载荷通常是通过指定密度来施加的（还可以通过使用质量单元，如 MASS21，对模型施加惯性载荷，但通过密度的方法施加惯性载荷更常用、更有效）。对所有的其他数据，ANSYS 程序要求质量为恒定单位。如果习惯于英制单位，为了方便起见，有时可以使用重量密度来代替质量密度。

只有在下列情况下可以使用重量密度来代替质量密度：a. 模型仅用于静态分析。b. 没有施加角速度或角加速度。c. 重力加速度为单位值（g＝1.0）。

⑥ 耦合场载荷：可以认为是以上载荷的一种特殊情况，即从一种分析中得到的结果用作另一种分析的载荷。例如，可施加磁场分析中计算所得的磁力作为结构分析中的载荷，也可以将热分析中的温度结果作为结构分析的载荷。

在耦合场分析中，通常包含将一个分析中的结果数据施加于第二个分析作为第二个分析的载荷。例如，可以将热力分析中计算的节点温度施加于结构分析（热应力分析）中，作为体积载荷。同样地，可以将磁场分析中计算的磁力施加于结构分析中，作为节点力。要施加这样的耦合场载荷，用下列方法之一：

第 7 章

GUI: "Main Menu" > "Preprocessor" > "Loads" > "Define Loads" > "Define Loads" > "Apply" > "load type" > "From source"。

GUI: "Main Menu" > "Solution" > "Define Loads" > "Define Loads" > "Apply" > "load type" > "From source"。

载荷有多种施加方法，下面基于前面建立的药柱模型，分别利用单载荷步、多载荷步、表格及函数加载的方法进行阐明。

【例 7-3】 有限元模型施加载荷。

在前面章节中对药柱模型进行了网格划分，生成了可用于计算分析的有限元模型。接下来需要对药柱施加载荷，以考察其承受温度和内压载荷的影响。为了更有针对性地模拟发动机工作过程药柱承受内压的环境，只考察在点火升压段的工作情况，因为该阶段的压强变化剧烈，是药柱经常发生破坏的阶段。假设发动机工作时的药柱温度已经保温到−40℃（零应力温度为58℃），发动机燃烧室内压强的变化如图 7-40 所示，约束药柱外表面的所有位移和两端面的轴向位移，根据结构对称性施加对称约束条件，且不考虑重力的影响。

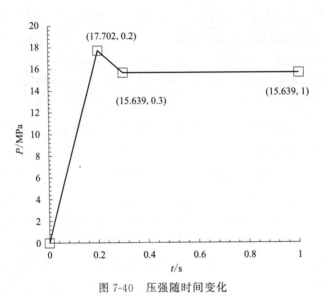

图 7-40　压强随时间变化

（1）单载荷步的施加

为了简化问题，从一个最基本的分析开始，单独只考虑低温−40℃时药柱内部残余热应力情况。该问题只存在一个温度载荷，施加载荷的步骤如下：

① 设定分析类型

GUI 操作为："Main Menu" > "Preprocessor" > "Loads" > "Analysis Type" > "New Analysis"。由于该问题是做静态分析，所以在弹出的对话框中选择 "Statics" 选项，如图 7-41 所示。

② 施加约束条件

GUI 操作为："Main Menu" > "Solution" > "Define Loads" > "Define Loads" >

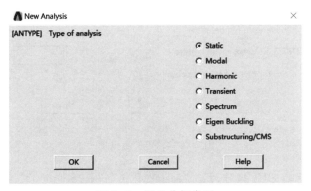

图 7-41 设置分析类型

"Apply" > "Structural" > "Displacement" > "on Areas"，然后选择药柱外表面，在弹出的对话框中约束掉所有位移，如图 7-42 所示。

同上操作，将两端面的轴向位移（UZ）约束掉。

对称面约束的 GUI 操作为："Main Menu" > "Solution" > "Define Loads" > "Define Loads" > "Apply" > "Structural" > "Displacement" > "Symmetry B. C." > "on Areas"，然后选择药柱的两个对称面，单击"OK"按钮完成对称约束设置。

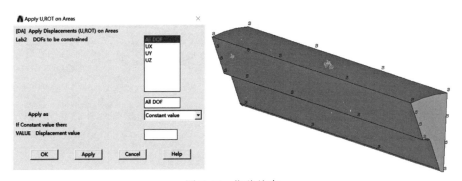

图 7-42 位移约束

③ 施加温度载荷

首先需要将温度的单位定义为摄氏温度，GUI 操作为："Main Menu" > "Preprocessor" > "Meterial Props" > "Tempreture Units"，选择"Celsius"按钮，如图 7-43 所示。

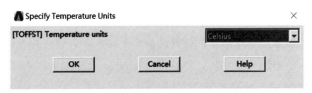

图 7-43 温度单位设置

温度载荷为体载荷，由于降温到－40℃，因此药柱会因为冷却收缩在药柱内部产生残余热应力。施加温度载荷的时候，我们首先需要指定参考温度（零应力温度），GUI 操作为："Main Menu" > "Solution" > "Define Loads" > "Settings" > "Reference Temp"，在弹出的对话框中输入参考温度为58℃，如图 7-44 所示。

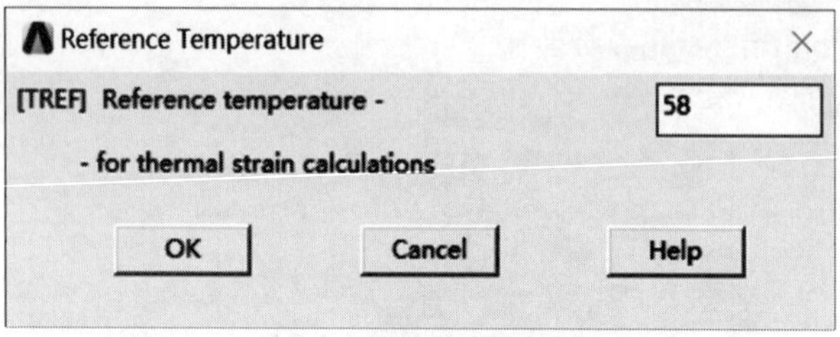

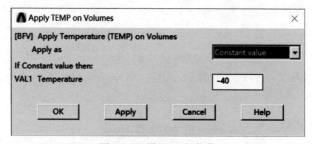

图 7-44　设置参考温度

施加温度体载荷的 GUI 操作为："Main Menu" > "Solution" > "Define Load" > "Apply" > "Structural" > "Temperature" > "On Volumes"，在弹出的对话框输入温度载荷为常数值 "—40"，如图 7-45 所示，至此完成温度载荷施加的全部过程。将模型另存为 "8-3-1. db"。

图 7-45　设置温度载荷

（2）多载荷步的施加

下面介绍多载荷步的施加步骤，假设药柱除了受到温度载荷之外，在点火过程中承受的内压载荷如图 7-40 所示。

① 设定分析类型

GUI 操作为："Main Menu" > "Preprocessor" > "Loads" > "Analysis Type" > "New Analysis"。由于该问题是做瞬态分析，所以在弹出的如图 7-46 所示的对话框中选择 "Transient" 按钮。

② 施加约束条件

其操作与 "单载荷步的施加" 中的约束条件一致。

③ 施加温度载荷

施加温度载荷。因为是多载荷步，所以施加完之后需要将该载荷步保存。将该载荷步的结果时间设为 "1e-6"，GUI 操作为："Main Menu" > "Solution" > "Analysis Type" > "Sol'n Control"，在弹出的对话框中 "Time at end of loadstep" 项中输入 "1e-6"，在 "Number of substeps" 项中输入 "1"（表示只设定一个子步），如图 7-47 所示。

按照之前施加温度载荷方法对药柱施加—40℃的温度载荷，然后保存载荷步。GUI 操作为："Main Menu" > "Preprocessor" > "Loads" > "Load Step Opts" > "Write LS File"，在弹出的对话框中输入 1，如图 7-48 所示，这时可以发现文件夹中多出了一个 "8-3-1. s01" 文件，该文件保存了这一载荷步的信息。

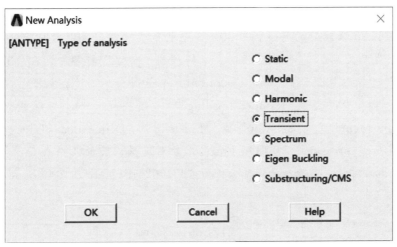

图 7-46 设置分析类型

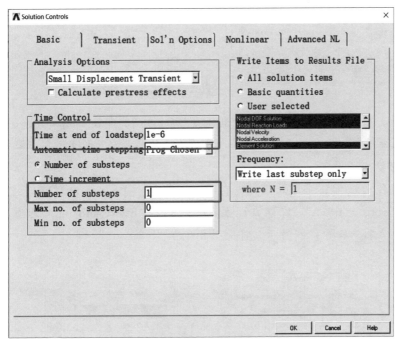

图 7-47 求解控制

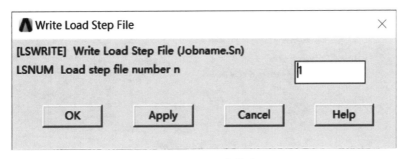

图 7-48 写入载荷步

④ 施加压强载荷

根据本问题压强载荷的特点，可以分 3 个载荷步加载，分别对应于时间点 0.2s、0.3s 和 1s。先定义 0.2s 时的载荷步。在求解控制"Basic"标签中，在"Time at end of loadstep"中输入 0.2，在"Number of substeps"中输入 5（子步数）。在求解控制"Transient"标签中，选择"Ramped Loading"（坡度载荷）。施加压强载荷的 GUI 操作为："Main Menu">"Solution">"Loads">"Define Loads">"Apply">"Structrual">"Pressure">"On Lines"，分别选择内腔的几个表面，单击"OK"按钮，在弹出的对话框中输入压强常数值为"17.702MPa"，如图 7-49 所示。最后保存为载荷步 2。

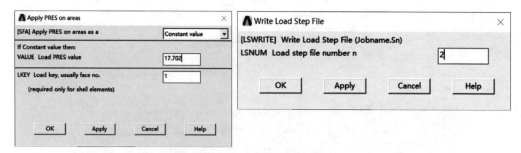

图 7-49 设置载荷步 2

同理将 0.3s 和 1s 对应的载荷步分别保存为 3、4，子步数分别为 2 和 5，至此施加载荷已经完全结束，为更接近实际情况，载荷步 4 的压强载荷设置为阶跃载荷。

⑤ 控制输出选项

GUI 操作为："Main Menu">"Solution">"Load Step Opts">"Output Ctrls">"Solu Printout"，在弹出的对话框中选择"Every substep"选项，表示输出每一子步的结果，如图 7-50 所示。将模型另存为"8-3-2.db"。

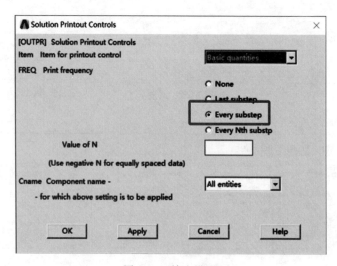

图 7-50 输出设置

7.4 求解模块

当进行结构静态或全瞬态分析时，可以使用求解控制对话框来设置分析选项。求解控制对话框包括 5 个选项，每个选项包含一系列的求解控制。对于指定多载荷步分析中每个载荷步的设置，求解控制对话框是非常有用的。

只要进行结构静态或全瞬态分析，那求解菜单必然包含求解控制对话框选项。单击"Sol'n Control"菜单项，弹出如图 7-51 所示的求解控制对话框。这一对话框提供了简单的图形界面来设置分析和载荷步选项。一旦打开求解控制对话框，"Basic"标签页就被激活，如图 7-51 所示。完整的标签页按顺序从左到右依次是：Basic、Transient、Sol'n Options、Nonlinear、Advanced NL。

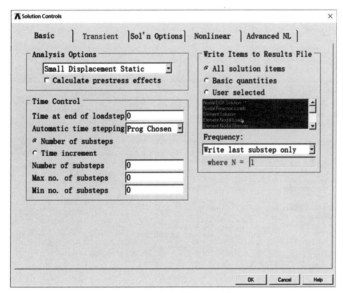

图 7-51　求解控制对话框

每套控制逻辑分在一个标签页里，最基本的控制出现在第一个标签页里，而后续的标签页里提供了更高级的求解控制选项。"Transient"标签页包含瞬态分析求解控制，仅当分析类型为瞬态分析时才可用，否则标签页呈灰色。每个求解控制对话框中的选项对应一个 ANSYS 命令，如表 7-21 所示。

表 7-21　求解控制对话框

求解控制对话框标签	用途
Basic	指定分析类型 控制时间设置 指定写入 ANSYS 的结果数据
Transient	指定瞬态选项 指定阻尼选项 定义积分参数

续表

求解控制对话框标签	用途
Sol'n Options	指定方程求解类型 指定分析参数
Nonlinear	控制非线性选项 指定每个子步迭代的最大次数 指明是否在分析中进行蠕变计算 控制二分法 设置收敛准则
Advanced NL	指定分析终止准则 控制弧长法的激活与中止

【例 7-4-1】 基于"8-3-1.db"模型，实施单载荷步求解。

对于单载荷步，在施加完载荷之后，直接就可以求解。GUI 操作为："Main Menu" > "Solution" > "Current LS"，在弹出的对话框中单击"OK"按钮即可进行求解，如图 7-52 所示。计算完成后弹出对话框如图 7-53 所示。

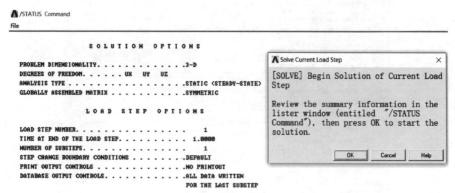

图 7-52　求解当前载荷步

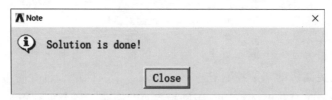

图 7-53　求解完成提示框

【例 7-4-2】 基于"8-3-2.db"模型，实施多载荷步求解。

这里对应用最广也是最方便的载荷步文件法进行举例说明。对于多载荷步，因为之前在施加载荷时已经分别保存了每一个载荷步的信息，所以进行求解的时候需要将之前的载荷步文件重新读入，GUI 操作为："Main Menu" > "Solution" > "From Ls Files"，在弹出的对话框中，将"LSMIN"设定为 1（起始载荷步），"LSMAX"设定为 4（终止载荷步），"LSINC"设定为 1（载荷步递增数），如图 7-54 所示，单击"OK"按钮后即可以进行多载荷步文件的求解。求解成功完成后同样会显示"Solution is done!"。

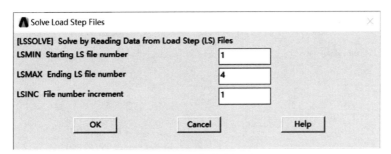

图 7-54　多载荷步求解设置

7.5　后处理模块

后处理指检阅 ANSYS 分析的结果，这是 ANSYS 分析中最重要的一个模块。通过后处理的相关操作，可以有针对性地得到所感兴趣的参数和结果，更好地为实际服务。

检查分析结果可使用两个后处理器：通用后处理器 POST1 和时间历程后处理器 POST26。POST1 允许检查整个模型在某一载荷步和子步（或对某一特定时间点或频率）的结果。例如：在静态结构分析中，可显示载荷步 3 的应力分布；在热力分析中，可显示 time＝100s 时的温度分布。图 7-55 所示的等值线图是一种典型的 POST1 图。POST26 可以检查模型的指定点的特定结果相对于与时间、频率或其他结果项的变化。例如，在瞬态磁场分析中，可以用图形表示某一特定单元的涡流与时间的关系；或在非线性结构分析中，可以用图形表示某一特定节点的受力与其变形的关系。图 7-56 中的曲线图是一种典型的 POST26 图。

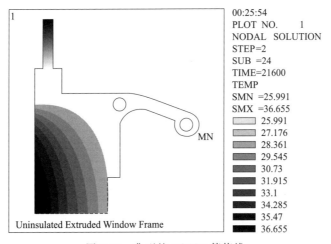

图 7-55　典型的 POST1 等值线

7.5.1　通用后处理

使用 POST1 通用后处理器可观察整个模型或模型的一部分在某一个时间（或频

率）上针对特定载荷组合时的结果。

POST1 有许多功能，从简单的图像显示到操作复杂数据的列表。进入 ANSYS 通用后处理器，可在命令行输入"/POST1"命令或通过 GUI 菜单路径："Main Menu"＞"General Postproc"。

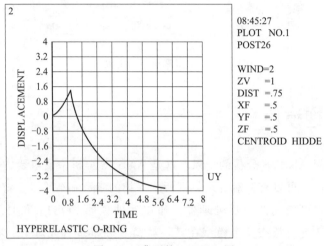

图 7-56　典型的 POST26 图

为了让大家对通用后处理有一定的了解，下面以【例 7-4-2】的计算结果为例进行结果后处理。

【例 7-5】　分析药柱在温度和内压载荷作用下的受力情况，从而研究其危险部位。

由于该问题共有 4 个载荷步，所以对应的分析结果也有多个，为了让读者对通用后处理器的使用有深刻的印象，本节只取第 2 个载荷步进行后处理分析，其他载荷步的后处理分析类似。进入通用后处理器的 GUI 操作："Main Menu"＞"General Postproc"。

（1）读入载荷步分析结果

GUI 操作为："Main Menu"＞"General Postproc"＞"Read Results"＞"By Load Step"，弹出如图 7-57 所示的对话框，在"Load step number"中填入 2（第 2 个载荷步），单击"OK"按钮即将第 2 个载荷步的分析结果读入数据库中。

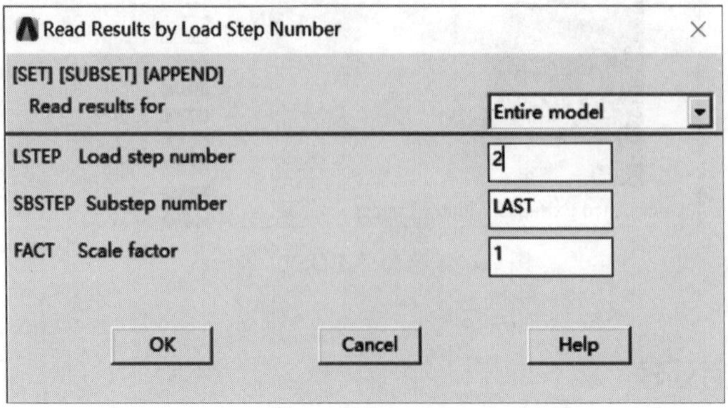

图 7-57　读入指定的载荷步

另外也可以用其他的方式读入载荷步分析结果，所用的 GUI 操作分别位于"Main Menu">"General Postproc">"Read Results"中，如"First Set"表示读入第 1 个载荷步分析结果；"Next Set"表示读入当前载荷步的下一个载荷步分析结果等；"By Time/Freq"表示读入指定时间处的分析结果，比如第 2 个载荷步我们知道其结束时间为 0.2s，则如图 7-58 设置读入的分析结果与读入第 2 个载荷步是一样的；"By Pick"可以列出结果文件里的所有载荷步，选择指定的载荷步，也可以读入第 2 个载荷步的分析结果。

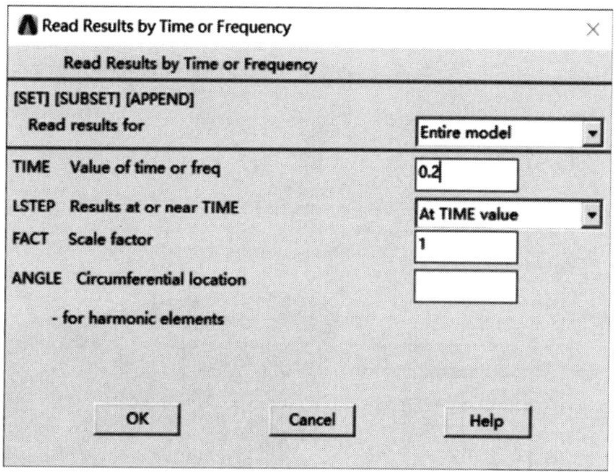

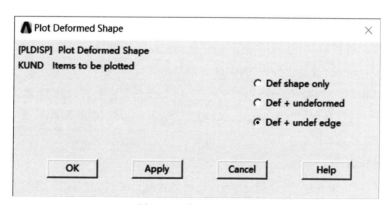

图 7-58　指定时间读入结果

（2）绘制结构变形图

GUI 操作为："Utitity Menu">"Plot Results">"Deformed Shape"，弹出如图 7-59 所示的对话框，其中"Def shape only"表示只显示变形后的图形，"Def＋undeformed"表示显示变形后和变形前的图形，"Def＋undef edge"表示显示变形后和变形前的轮廓。在这里选择"Def＋undef edge"来对比受力前后的结构，单击"OK"按钮后变形图如图 7-60 所示。

图 7-59　变形显示设置

设置变形比例放大因子。对于小变形分析，ANSYS 默认的是变形设置是放大后的变形状况，为了得到实际的变形，可以设置变形的比例放大因子，GUI 操作为："Plot

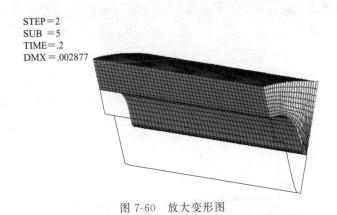

STEP=2
SUB =5
TIME=.2
DMX =.002877

图 7-60 放大变形图

Ctrls"＞"Style"＞"Displacment Scaling"，弹出如图 7-61 所示的对话框，默认的是"Auto calculated"，这里选择"1.0（true scale）"表示真实的变形显示。

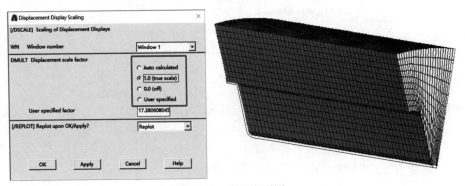

图 7-61 实际变形图

（3）显示云图

为了更形象地显示整个分析结果，将结果放到柱坐标系中显示，GUI 操作为："Main Menu"＞"General Postproc"＞"Options For Outp"，弹出如图 7-62 所示的对话框，将"Result coord system"设置成"Global cylindric"（柱坐标系）。

节点解的云图显示 GUI 操作为："Main Menu"＞"General Postproc"＞"Plot Results"＞"Contour Plot"＞"Nodal Solu"，弹出如图 7-63 所示的对话框，选择"Nodal Solution"＞"DOF Solution"＞"Displacment"将显示结构总位移云图（如图 7-64 所示），同理选择"Y-Component of displacement"可以显示 Y 图（径向位移），如图 7-65 所示。

（4）云图设置

窗口设置，GUI 操作为："Plot Ctrls"＞"Window Controls"，其中可以进行相应的窗口显示设置，如"Window Options"可以设置窗口中的内容显示，如图 7-66 所示设置后，显示窗口将只显示云图标签和文件名。

标签的位置设置，GUI 操作为："Plot Ctrls"＞"Style"＞"Mutilegend Options"＞"Coutour Legend"，弹出如图 7-67 所示的对话框，可以具体设置标签的位置。

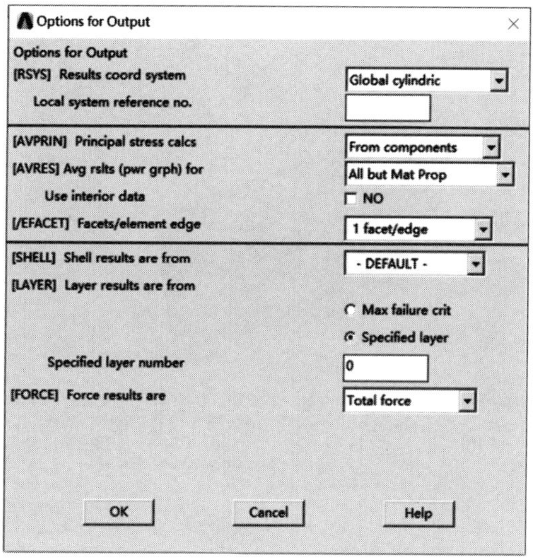

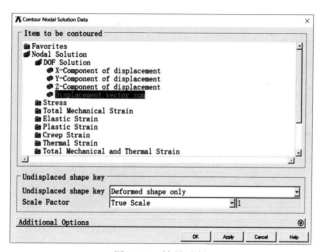

图 7-62　结果坐标系设置

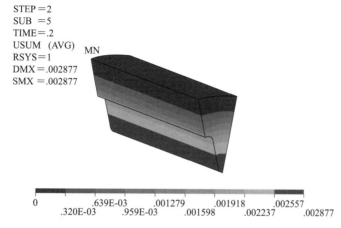

图 7-63　结果选择

STEP＝2
SUB ＝5
TIME＝.2
USUM （AVG）
RSYS＝1
DMX＝.002877
SMX＝.002877

0　　　.639E-03　　.001279　　.001918　　.002557
　.320E-03　　.959E-03　　.001598　　.002237　　.002877

图 7-64　总位移云图

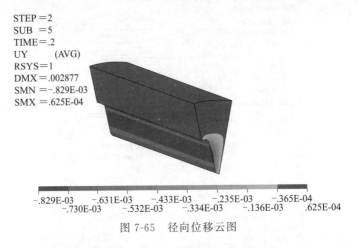

STEP＝2
SUB ＝5
TIME＝.2
UY   (AVG)
RSYS＝1
DMX＝.002877
SMN＝-.829E-03
SMX＝.625E-04

| -.829E-03 | | -.631E-03 | | -.433E-03 | | -.235E-03 | | -.365E-04 |
| | -.730E-03 | | -.532E-03 | | -.334E-03 | | -.136E-03 | | .625E-04 |

图 7-65 径向位移云图

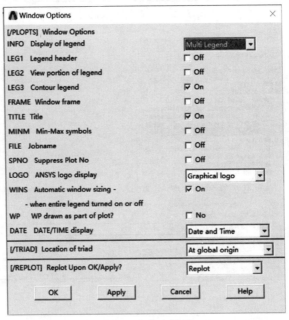

图 7-66 窗口设置

7.5.2 时间历程后处理

时间历程后处理器 POST26 可用于检查模型中指定点的分析结果与时间、频率等的函数关系。它有许多分析能力：从简单的图形显示和列表到诸如微分和响应频谱生成的复杂操作。POST26 的一个典型用途是在瞬态分析中以图形表示结果项与时间的关系或在非线性分析中以图形表示作用力与变形的关系。

为了分析药柱结构随时间的变化情况，需要用到时间历程后处理器来显示结果的变化。进入时间历程后处理器的 GUI 操作为："Main Menu" ＞ "Time Hist Postpro"，将弹出如图 7-68 所示的对话框。

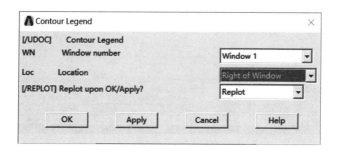

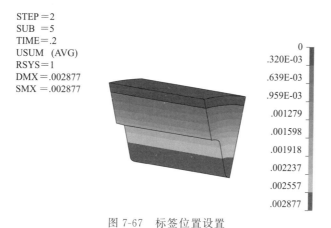

图 7-67 标签位置设置

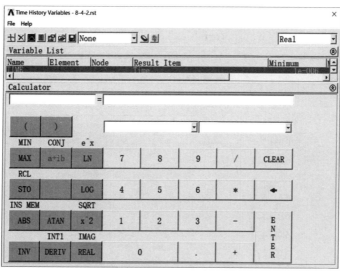

图 7-68 时间历程后处理器

（1）定义变量

药柱翼尖处的应力和应变是最值得关注的部位，因此，选择翼尖倒圆处的节点作为分析研究的对象。单击图 7-68 中的 "Add Data"，将弹出对话框，选择 "Nodal Solution" > "Elastic Strain" > "von Mises elastic strain" （也可以采用 GUI 操作："Main Menu" > "Time HistPostproc" > "Define Variables"）。单击 "OK" 按钮后，在有限元模型上

选择需要分析的节点（1133 号节点，位于翼尖倒圆处）。这时可以发现，在时间历程后处理器的变量中多出了"EPELEQV_2"的变量，如图 7-69 所示。

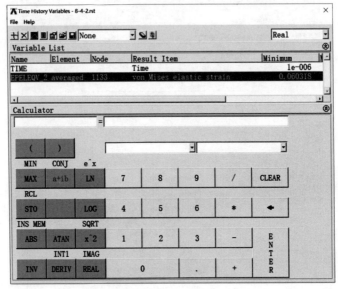

图 7-69　变量显示

（2）图形输出

选择要图形显示的变量"EPELEQV_2"，单击"Graph Data"，将在窗口中显示如图 7-70 所示的 Von Mises 应变随时间变化图（也可以采用 GUI 操作："Main Menu" > "Time Hist Postpro" > "Graph Variables"）。同理也可以定义其他变量随时间的变化，通过分析我们发现该节点在 0.2s 处的应变最大，药柱在该时刻最容易出现危险。

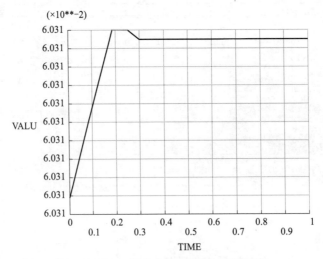

图 7-70　1133 号节点的应变随时间的变化

（3）计算结果列表

选择要列表显示的变量"EPELEQV_2"，单击"List Data"，将列表显示 1427 号节

点的应变随时间变化的数据，如图 7-71 所示（也可以采用 GUI 操作："Main Menu" >
"Time Hist Postpro" > "Settings" > "List"）。

***** ANSYS POST26 VARIABLE LISTING *****

TIME	1133 EPELEQV
	EPELEQV_
	2
0.10000E-05	0.603180E-01
0.20000	0.603181E-01
0.30000	0.603181E-01
1.0000	0.603181E-01

图 7-71　1427 号节点应变随时间变化的数据

以上就是在有限元软件 ANSYS 中，从前处理到后处理的完整过程，但其中还有很
多功能和软件应用技巧没有涉及，读者可自行探索。

习题

7-1　ANSYS 主菜单中有几种主要处理器？各自的功能是什么？

7-2　ANSYS 常用坐标系的种类有哪些？如何操作？

7-3　何为 ANSYS 的工作平面？

7-4　标准的 ANSYS 有限元分析过程一般包括哪几个步骤？

7-5　如图 7-72 所示为一个直齿圆柱齿轮的结构示意图，结构参数为：模数 $m =$
6mm，齿数 $z = 28$，在 ANSYS 中建立实体模型。

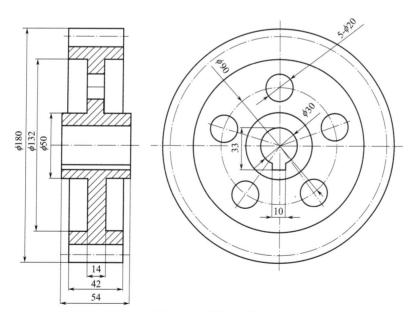

图 7-72　习题 7-5 图

8 单元网格划分注意事项

 教学目标

工程应用中应该把握计算精度和工作量之间的关系。本章主要介绍有限元法单元网格划分过程中的常规注意事项和单元划分质量评估方法。

 重点和难点

掌握网格划分的基本原则与在工程中的应用

掌握单元划分质量评估方法以及在工程中的应用

8.1 引言

结构的离散化，即单元网格的划分，是进行结构计算之前首要考虑的问题，划分单元数目的多少以及疏密分布将直接影响计算的工作量和计算精度。单元的划分没有统一的模式和要求，通常与实体的形状、性质、结构、载荷位置及大小、应力集中部位或重点部位、加工过程及模型、计算精度和计算工具的能力等因素有关。一般情况下，随着划分单元数目的增加和计算精度的提高，计算工作量和计算时间随之增大。因此在划分单元网格时，不仅要考虑单元数目的多少，而且要考虑单元划分的合理性。

8.2 单元网格划分遵循的基本原则

（1）合理安排单元网格的疏密分布

在划分单元网格时，对于结构的不同部位网格疏密应有所不同。在边界比较曲折的部位，网格可以密一些，即单元要小一些，在边界比较平滑的部位，网格可疏一些，即单元可以大一些；在可能出现应力集中的部位和位移变化较大的部位，网格应密一些，对于应力的位移变化相对较小的部位，网格可以疏一些。使得能在保证计算精度的前提下，减少单元划分的数目。还应注意相邻单元网格反差不宜过大，从大到小应具有过渡性。

对于应力和位移状态需要了解得比较详细的重要部位，如图 8-1(a) 齿轮的轮齿受到集中力处；对于应力和位移变化得比较剧烈的部位，如图 8-1(b) 的具有凹槽或裂缝的结构，在这些重要的部位，易发生应力集中，应力、位移变化剧烈，因此，这些部位单元必须划分得小一些。而对于次要的部位，以及应力和位移变化得比较平缓的部位，单元可以划得大一些。

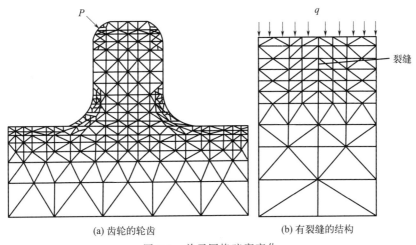

(a) 齿轮的轮齿 　　　　　　　　(b) 有裂缝的结构

图 8-1　单元网格疏密变化

（2）为突出重要部位的单元二次划分

为突出重要部位及满足计算精度要求，可采用分两次计算划分单元。如图 8-2（a）所示，第一次计算时，可把凹槽附近的网格划分得比别处略微密一些，以便大致反映凹槽对应力分布的影响，其目的还是算出次要部位（ABCD 区以外的部分）的应力及位移。在前一次计算的基础上，将所得的 ABCD 一线上各点的位移作为已知量输入，进行第二次计算。这时，以 ABCD 区域为计算对象，如图 8-2（b）所示，可以把凹槽附近的局部应力算得充分准确。

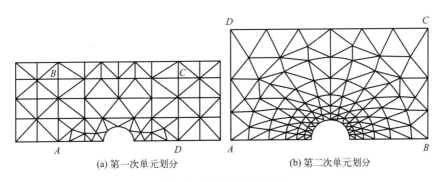

(a) 第一次单元划分 　　　　　　(b) 第二次单元划分

图 8-2　具有凹槽的结构

在结构受力复杂，应力和位移状态不易预估时，可以先用比较均匀的单元网格进行第一次预算，然后根据预算结果，对需要详细了解的重要部位，再重新划分单元，进行第二次有目标的计算。

（3）划分单元的数量

划分单元的个数，视计算要求的精度和计算机的容量而定，根据误差分析，应力误差与单元大小成正比，位移误差与单元尺寸的平方成正比，单元分得越多，块越小，精度越高，但需要的计算机容量也就越大，因此需要根据实际情况而定。

（4）单元形状的合理性

在离散化过程中，单元应尽量规则。对于三角形单元以等边三角形为最好，应尽量避免出现大钝角（一般大于120°）或小锐角（一般小于15°）。锐角越小则误差越大，一般误差与锐角余弦成正比或与其正弦成反比。对于矩形单元，以正方形单元最为理想，相反，越是长条形的单元其误差越大。计算误差的大小除与单元形状有关外，还与相邻单元之间单元大小的相互关系有关。相邻单元间面积越接近则误差越小，相反面积相差越悬殊则误差越大。因而对如图8-3所示的严重畸变单元均应尽量避免使用。

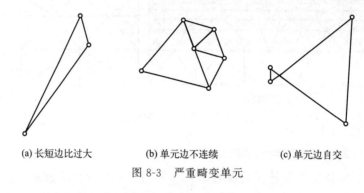

(a) 长短边比过大   (b) 单元边不连续   (c) 单元边自交

图8-3 严重畸变单元

（5）不同材料界面处及载荷突变点、支撑点的单元划分

当计算对象由两种或两种以上材料构成时，应以材料性质发生变化的不同材料界面作为单元的边界，即勿使这种界面处于同一单元内部。在离散化过程中应将某些特殊点，如集中载荷作用点、载荷突变点、支撑点等取为单元的节点（见图8-4）。

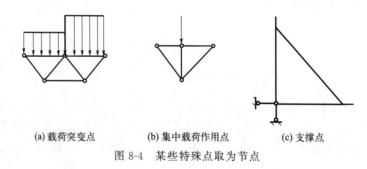

(a) 载荷突变点   (b) 集中载荷作用点   (c) 支撑点

图8-4 某些特殊点取为节点

（6）曲线边界的处理

曲线边界的处理，应尽可能减小几何误差（见图8-5）。

（7）充分利用结构及载荷的对称性，以减少计算量

结构的对称性，是指结构的几何形状、支撑条件和材料性质都关于某轴对称。也就是说，当结构绕对称对折时，左右两部分完全重合。这种结构称为对称结构。结构的对称，是对称性利用的前提。利用对称性时，有时还要用到载荷的正对称和反对称概念。正对称载荷是指将结构绕对称轴对折后，左右两部分的载荷作用点相重合，方向相同，

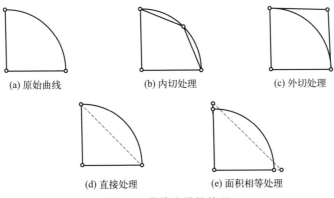

图 8-5 曲线边界的处理

载荷数值相等。反对称载荷，是指将结构绕对称轴对折后，左右两部分的载荷作用点相重合，方向相反，载荷数值相等。为了利用结构的对称性，在单元的划分上也应是对称的。根据载荷情况的不同，下面分两种情况进行讨论。

① 正对称性载荷的对称性利用

图 8-6(a) 是一方形薄板，两端作用有集中力 P，结构和载荷对 x 轴和 y 轴都是对称的，具有两个对称轴。根据对称性，可取结构的 1/4 进行分析，网格划分如图 8-6(b) 所示。由于对称，结构的位移应是对称的，所以，在 x 轴上的节点在 y 方向上的位移应为零；同样，y 轴上的节点在 x 方向上的位移也应为零。因此，在节点位移为零的方向上可设支撑，如图 8-6(b) 所示。利用上述对称性的简化，几乎可节省 3/4 的计算工作量。

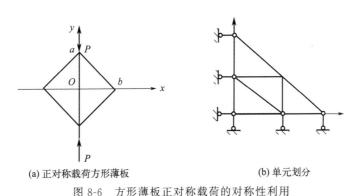

图 8-6 方形薄板正对称载荷的对称性利用

② 反对称性载荷的对称性利用

图 8-7(a) 是一个对 y 轴对称的薄板结构，载荷 P 对 y 轴反对称。可取结构的一半进行计算，网格划分如图 8-7(b) 所示。由于载荷反对称，结构的位移也是反对称的。因此，对称轴上的节点没有沿着该轴方向上的位移，即 y 轴上各节点在 y 方向上的位移为零。据此，在节点位移为零的方向上，可设为链杆支撑。在原固定边的地方，改设为节点铰支撑，如图 8-7(b) 所示。经过这样的简化，可节省近一半的计算工作量。

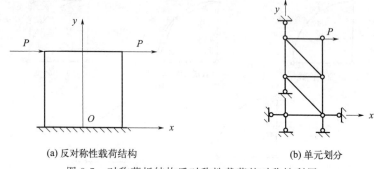

(a) 反对称性载荷结构   (b) 单元划分

图 8-7   对称薄板结构反对称性载荷的对称性利用

对于对称结构，即使载荷是任意的，通常还是先把载荷分解成对称的和反对称的两组分别进行计算，然后将两组计算结果进行叠加，获得原载荷的结果。经验证明，尽管这样计算要进行两次，带来一些麻烦，但对单元划分较多的结构，仍可节省不少机时。

8.3 单元划分质量评估

有限元计算模型的网格化是整个有限元分析过程中最重要，也是难度最大的环节。单元划分的合理性直接影响计算误差和计算耗时，必须控制好以下单元质量指标。

（1）偏斜度

偏斜度（skew）反映单元夹角的偏斜程度，对于四边形单元，理想夹角为 90°，对于三角形单元，理想夹角为 60°。偏斜度的计算表达式为：

对于四边形单元
$$\sum_{i=1}^{4} |90° - \alpha_1|$$

对于三角形单元
$$\sum_{i=1}^{3} |60° - \alpha_1|$$

式中，α_1 为单元夹角，理想单元的偏斜度为零。

（2）歪斜度

歪斜度（warping）主要由歪斜因子和歪斜角来表示，它反映单元的扭曲程度。歪斜因子为单元对角线的最短距离 d 与单元面积之比，见图 8-8。

歪斜角度为单元对角线分割的两三角形垂直矢量间的夹角 α，如图 8-9 所示。

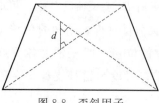

图 8-8 歪斜因子

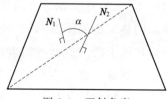

图 8-9 歪斜角度

理想单元的歪斜因子和歪斜角度为零。

（3）锥度

锥度（taper）反映单元由两对角线形成的 4 个三角形面积的差异程度，见图 8-10。

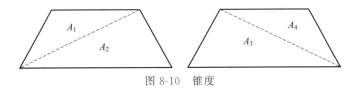

图 8-10 锥度

$$锥度 = \frac{A_i}{A_a} \ (i=1,2,3,4), \ A_a = 0.25 \ (A_1 + A_2 + A_3 + A_4)$$

（4）外观比例

外观比例（aspect rado）为单元最长边长与最短边长之比，它反映边界差异。对于理想单元，该值为 1。

（5）失真值

失真值（distortion）是反映单元质量的一个非常重要的参数，为了得到最高有限元的精度，现通常采用等参数单元。利用数学上的坐标变换，使位移函数采用一种新的局部坐标的形式，并且用同一节点的位移分量和坐标值进行函数插值来表示单元任一点的位移和几何坐标，对实际的位移模式和坐标变换采用等同的形函数。失真值反映目标单元（母单元）与实际单元的偏差程度。实际单元与母单元的坐标系示意图见图 8-11。

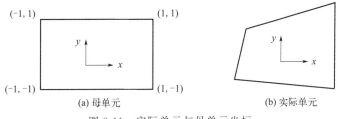

(a) 母单元　　　　　　(b) 实际单元

图 8-11 实际单元与母单元坐标

对于三维实体单元，$\mathrm{d}x\mathrm{d}y\mathrm{d}z = |J|\mathrm{d}\varepsilon\mathrm{d}\eta\mathrm{d}\xi$。其中 $|J|$ 为雅可比（Jacobian）行列式，$\mathrm{d}x\mathrm{d}y\mathrm{d}z$ 为母单元微体体积，$\mathrm{d}\varepsilon\mathrm{d}\eta\mathrm{d}\xi$ 为实际单元微体体积，单元失真值为：

$$\frac{|J| \times 实际单元微体体积（或面积）}{母单元微体体积（或面积）}$$

对于二维单元，母单元面积为 $2\times2=4$；对于三维单元，母单元体积为 $2\times2\times2=8$。

（6）拉伸值

拉伸值（Stretch Value）也是反映单元失真程度的参数。

对于二维三角形单元，拉伸值 $= \dfrac{\sqrt{12}R}{L_{\max}}$（$R$ 为单元最大内接圆半径，$L_{\max}$ 为单元最大边长）。

对于四边形单元，拉伸值 $=\dfrac{\sqrt{2}\,L_{\min}}{L_{\max}}$，（$L_{\min}$、$L_{\max}$ 分别为单元的最小边长和最大边长）。

对于四面体单元，拉伸值 $=\dfrac{\sqrt{24}\,R}{L_{\max}}$，（$L_{\max}$ 为单元最大边长；R 为内接圆半径，在通常分析计算中，对于三维单元，该值应大于 0.05，对于二维单元，该值应大于 0.7）。

（7）雅可比

在计算单元刚度矩阵时，要用到雅可比行列式的值。雅可比行列式 $|J|$ 是一个多变量函数的行列式，要使 $|J|\neq 0$，必须检验许多控制点，即单元节点和积分点处的 $|J|\neq 0$。从几何意义上看，单元划分时，对于四边形单元，必须是凸四边形，即各内角都小于 180°，四边形任意两条边不能通过适当的延伸在单元上出现交点。

计算模型的离散化，最根本的一条就是尽可能降低离散误差（由于采用离散的有限元模型及假定的位移函数代替连续体而产生的误差）。而离散化过程中的网格密度、单元形态以及网格边界条件等与真实情况的逼近程度对离散误差的大小均有影响，因此在离散化过程中要综合考虑各因素，合理地进行离散化方案的选择。

 习题

8-1　简述单元划分的基本原则。

8-2　简述单元划分质量的评估方法。

8-3　简述什么是单元的失真值以及失真值的计算方法。

8-4　简述如何通过雅可比行列式评估单元质量。

参 考 文 献

［1］ 赵维涛，陈孝珍. 有限元法基础 ［M］. 北京：科学出版社，2009.

［2］ 洛根. 有限元方法基础教程 ［M］. 伍义生，吴永礼，译. 北京：电子工业出版社，2003.

［3］ 赵奎，袁海平. 有限元简明教程 ［M］. 北京：冶金工业出版社，2009.

［4］ 王新荣，初旭宏. ANSYS 有限元基础教程 ［M］. 北京：电子工业出版社，2011.

［5］ 邢静忠，王永岗. 有限元基础与 ANSYS 入门 ［M］. 北京：机械工业出版社，2005.

［6］ 刘尔烈，崔恩第，涂振铎. 有限单元法及程序设计 ［M］. 天津：天津大学出版社，2004.

［7］ 王焕定，陈少峰，边文凤. 有限单元法基础及 MATLAB 编程 ［M］. 北京：高等教育出版社，2012.

［8］ 李亚智，赵美英，万小明. 有限元法基础与程序设计 ［M］. 北京：科学出版社，2004.

［9］ 刘浩. ANSYS 17.0 有限元分析从入门到精通 ［M］. 北京：机械工业出版社，2018.

［10］ 王勖成. 有限单元法 ［M］. 北京：清华大学出版社，2004.

［11］ 曾攀. 有限元基础教程 ［M］. 北京：高等教育出版社，2009.